ECE/TRADE/333

United Nations Economic Commission for Europe
Объединенные нации Экономическая комиссия для Европы

Sustainable development and biofuel use
as a way towards the Kyoto protocol implementation
and enhanced complex utilization of wood raw material and peat

Устойчивое развитие и использование
биотоплива – путь к реализации Киотского протокола
и повышению комплексности использования древесины и торфа

Discussion Papers on
Sustainable Forest Management N°2

Материалы по устойчивому
Управлению лесного сектора № 2

United Nations
New York, Geneva, 2005

This is a publication of the UNECE Trade Development and Timber Division project "Capacity building to improve trade finance and investment prospects for the Russian timber sector". This project has been carried out with the support from the Ministry of Agriculture, Nature Management and Fisheries and the Ministry of Foreign Affairs (MATRA Fund/Programme International Nature Management) of the Netherlands.

Эта публикация издается в рамках проекта Торгового отдела ЕЭК ООН "Укрепление базы финансирования торговли и перспектив инвестиций в российской лесной промышлености". Этот проект выполняется при поддержке Министерства сельского хозяйства, природных и рыбных ресурсов и Министрерства Иностранных Дел (Фонд MATRA/Программа международного управления природой) Нидерландов.

ECE/TRADE/333

UNITED NATIONS PUBLICATION
ИЗДАНИЕ
ОРГАНИЗАЦИИ ОБЪЕДИНЕННЫХ НАЦИЙ

Sales No.: В продаже под № :	E/R.05.II.E.4
ISBN: 92-1-116919-4	
ISSN: 1020-9697	

Note

The views expressed and the designations employed in this publication are those of the authors and do not necessarily reflect the views of the United Nations Secretariat nor do they express any opinion whatsoever on the part of the Secretariat concerning the legal status of any country, territory, city or area or of its authorities, or concerning the delimitation of its frontiers or boundaries.

This Publication has been formatted with minor editorial changes, and has been reproduced in the form in which it was received by the Secretariat.

All material may be freely quoted or reprinted, but acknowledgement is requested, together with a copy of the publication containing the quotation or reprint (to be sent to the following address: Director, Trade Development and Timber Division, United Nations Economic Commission for Europe, Palais des Nations, Geneva 10,CH-1211 Switzerland).

Примечание

Мнения, выраженные в настоящем издании, и используемые обозначения являются исключительно авторскими и не обязательно отражают позицию Секретариата Организации Объединенных Наций; они также не означают выражения со стороны Секретариата какого бы то ни было мнения относительно правового статуса той или иной страны, территории, города или района, или их властей, или относительно делимитации их границ.

Данная публикация была отформатирована с небольшими редакционными изменениями и воспроизведена секретариатом в том же виде, в котором она была получена.

Материалы, содержащиеся в настоящем издании, можно свободно цитировать или перепечатывать, однако при этом нужно давать соответствующее уведомление, а также направить экземпляр издания, содержащий цитату или перепечатываемый материал, по следующему адресу: Director, Trade Division, United Nations Economic Commission for Europe, Palais des Nations, Geneva 10, CH-1211 Switzerland.

Abstract

The UNECE publication "Sustainable Development and Certification in the Russian Forest Sector" provides information on the most recent developments in the area of sustainable forest management and certification in the forest industry in the northwestern region of the Russian Federation.

Contributions to the publication were made by high-level experts from the federal and regional governmental structures, forest enterprises, research institutes and universities, environmental non-governmental organizations, and international organizations.

Резюме

Публикация ЕЭК ООН "Устойчивое развитие и сертификация в лесном секторе России" предоставляет информацию о последних развитиях в области устойчивого управления лесным сектором и сертификации в лесной промышленности северо-западного региона Российской Федерации.

Статьи для данной публикации были предоставлены высококвалифицированными специалистами из федеральных и региональных органов власти, предприятий лесной промышленности, исследовательских институтов и университетов, неправительственных организаций, занимающихся вопросами окружающей среды, и международных организаций.

Foreword

This publication is the first of a series of discussion papers on sustainable forest management published by the United Nations Economic Commission for Europe (UNECE). The series is a result of the workshops and expert meetings on sustainable development that are taking place in the context of the UNECE Trade Division project "Capacity building to improve trade finance and investment prospects for the Russian timber sector". The focus of this project is on sustainable development of the forest sector at the regional level of the Russian Federation.

Since the Earth Summit in Rio de Janeiro in 1992, many activities have been launched to improve sustainable forest management. Many of these activities are undertaken in parallel and there is a clear need for coordination and exchange of information. The UNECE project responds to this need and offers a platform for Russian and other experts to exchange information on best practice.

The present publication contains the papers that were submitted for discussions held in St. Petersburg, Russian Federation, in early 2001. These papers are a valuable contribution to an unbiased discussion on all aspects of the sustainable development of the Russian forest sector.

There is a clear need for information on this important subject and by reaching a wider public through our publications I am confident that this series will help to make the Russian forest sector better known.

Brigita Schmögnerová
Executive Secretary
United Nations

Предисловие

Эта публикация первая в серии материалов по устойчивому управлению лесным сектором, издаваемых Европейской Экономической Коммиссией Организации Объединенных Наций (ЕЭК ООН). Эта серия – результат семинаров и экспертных встреч по устойчивому развитию, которые проходят в рамках проекта Торгового отдела ЕЭК ООН "Укрепление базы финансирования торговли и перспектив инвестиций в российской лесной промышлености". Этот проект направлени на устойчивое развитие лесного сектора в регионах Российской Федерации.

Со времени проведения Конференции ООН в Рио-де-Жанейро (Саммит «Земля») в 1992 году, многое было сделано для улучшения устойчивого управления в лесном секторе. Многие из этих мероприятий были проведены независимо друг от друга и существует острая необходимость в координации и обмене информацией. Проект ЕЭК ООН овечает этой необходимости и предлагает базу для российских и зарубежных экспертов для обмена информацией о самом удачном опыте работы.

Настоящая публикация содержит доклады, которые были представлены на конференции, проведенной в С.-Петербурге, Российская Федерация, в начале 2001 года. Эти выступления являются ценным вкладом в непредвзятое обсуждение всех аспектов устойчивого развития российского лесного сектора.

Существует необходимость в информации по этому важному вопросу и, обращаясь к широкой аудитории посредством наших публикаций, я выражаю уверенность, что эта серия поможет придать российскому лесному сектору большую известность.

Бриджита Шмегнерова
Исполнительный Секретарь
Европейской
Экономической Комиссии

**Объединенные нации
Экономическая комиссия
для Европы
United Nations
Economic Commission
for Europe**

**Правительство Ленинградской
области
Government of the Leningrad
Region**

**Санкт-Петербургский
государственный
технологический университет
растительных полимеров
Saint Petersburg State
Technological University of Plant
Polymers**

- Правительство Ленинградской области
- Европейская Экономическая Комиссия Организации Объединенных Наций
- Санкт-Петербургский государственный технологический университет растительных полимеров
- Научно-технический Совет по подпрограмме «Комплексное использование древесного сырья» (Федеральной целевой научно-технической программы на 1999-2001 гг.) Министерства промышленности, науки и технологий Российской Федерации
- Министерство по сельскому хозяйству, природным ресурсам и рыболовству Королевства Нидерланды
- Секция наук о лесе Российской Академии естественных наук
- Санкт-Петербургская лесотехническая академия
- Секция лесотехнических технологий Российской инженерной академии
- Санкт-Петербургская инженерная академия
- Санкт-Петербургское научно-техническое общество бумажной и деревообрабатывающей промышленности

- Government of the Leningrad Region
- UN Economic Commission for Europe
- Saint Petersburg State Technological University of Plant Polymers
- Scientific and Technical Council for the sub-programme: «Complex Use of Wood Raw Material» (of the Federal special-purpose scientific and technical programme for 1999-2001) of the Ministry for Industry, Science, and Technologies of the Russian Federation
- Ministry of Agriculture, Nature Management and Fisheries of the Kingdom of the Netherlands
- Section of Forest Sciences of the Russian Academy of Natural Sciences
- Saint Petersburg Forest Technical Academy
- Section of Forestry Technologies of the Russian Engineering Academy
- Saint Petersburg Engineering Academy
- Saint Petersburg Scientific and Technical Society of Paper and Woodworking Industry

Организационный комитет:

Председатель:
Вице-губернатор
Ленинградской области И. Григорьев
Заместители председателя:
Э. Аким, М. Дедов, Х. Йенсен;

Члены комитета:
А. Бенин (ЛЕМО)
В. Гончаров (Правительство Ленинградской обл.)

С. Мяков (Правительство Ленинградской обл.)
С. Нарышкин (Правительство Ленинградской обл.)

В. Мусинский (Министерство науки)

О. Терентьев (СПб ГТУРП)
В. Суслов (СПб ГТУ РП)
В. Онегин (СПб ЛТА)
Б. Воробейчик (НТО Бумпром)

Organizing Committee:

Chairman:
I. Grigoriev, Vice Governor of the
Leningrad Region
Deputy Chairmen:
E. Akim, M. Dedov, H. Jansen

Committee Members:
A. Benin (LEMO)
V. Goncharov (Government of the Leningrad
Region)
S. Myakov (Government of the Leningrad Region)
S. Naryshkin (Government of the Leningrad
Region)
V. Musinsky (Ministry of Industry, Science and
Technologies)
O. Terentiev (SPb STUPP)
V. Suslov (SPb STUPP)
V. Onegin (SPb FTA)
B. Vorobeichik (NTO Bumprom)

Устойчивое развитие и использование
биотоплива – путь к реализации Киотского протокола и
повышению комплексности использования древесины и торфа

Sustainable development and biofuel use as a way towards
the Kyoto protocol implementation and enhanced complex
utilization of wood raw material and peat

Оглавление / Table of Contents

Устойчивое развитие и использование
биотоплива – путь к реализации Киотского протокола и
повышению комплексности использования древесины и торфа

Sustainable development and biofuel use as a way towards
the Kyoto protocol implementation and enhanced complex
utilization of wood raw material and peat

*Устойчивое развитие и использование
биотоплива – путь к реализации Киотского протокола и
повышению комплексности использования древесины и торфа*

*Sustainable development and biofuel use as a way towards
the Kyoto protocol implementation and enhanced complex
utilization of wood raw material and peat*

Устойчивое развитие и использование
биотоплива – путь к реализации Киотского протокола и
повышению комплексности использования древесины и торфа

Sustainable development and biofuel use as a way towards
the Kyoto protocol implementation and enhanced complex
utilization of wood raw material and peat

Решение конференции:
«Устойчивое развитие и использование биотоплива – путь к реализации Киотского протокола и повышению комплексности использования древесины и торфа

Одним из важнейших аспектов устойчивого развития человечества является решение проблемы предотвращения глобального изменения климата. Именно поэтому Киотский протокол 1997 г. стал одним из важнейших объектов международных переговоров на самом высоком уровне. Предотвращение глобального изменения климата базируется на сокращении использования ископаемых источников энергии – каменного угля, нефти и (в меньшей степени) газа. В то же время применение в качестве источника энергии воспроизводимого сырья – древесины не приводит к парниковому эффекту, т.к. выделяющаяся при сжигании древесины углекислота снова поглощается лесами, т.е. является частью глобального карбонового цикла.

2-4 июля 2001 г. в Санкт-Петербурге, в здании Правительства Ленинградской области, состоялась Международная научно-практическая конференция на тему: «Устойчивое развитие и использование биотоплива – путь к реализации Киотского протокола и повышению комплексности использования древесины и торфа».

Конференция организована Европейской Экономической Комиссией Организации Объединенных Наций совместно с Правительством Ленинградской области, Санкт-Петербургским государственным технологическим университетом растительных полимеров и рядом других организаций. В работе конференции приняли участие свыше 100 специалистов - как зарубежных, так и российских, из ведущих университетов и научных организаций, промышленности и бизнеса.

Участники отмечают, что наступило время перехода от отдельных пилотных проектов по использованию биотоплива к единой, экономически целесообразной стратегической политике широкого использования воспроизводимых источников энергии – древесины и торфа. Тем самым будет осуществлен существенный вклад в реализацию Киотского протокола по предотвращению глобального изменения климата.

Decision of the Conference
on Sustainable Development and Biofuel Use as a Way towards the Kyoto Protocol Implementation and Enhanced Complex Utilization of Wood Raw Material and Peat

Solution of the global climate change issue is one of the most significant aspects of sustainable development of mankind. That is why the Kyoto Protocol among the most important subjects of international top–level talks. Prevention of global climate change is based on reducing the use of fossil energy sources such as coal, petroleum and (to a lesser degree) natural gas. At the same time, the use of wood, a renewable raw material, as an energy source does not give rise to the greenhouse effect because carbon dioxide released when burning wood is reabsorbed back by forests, *i.e.* is part of a global carbon cycle.

On 2–4 July, 2001 the International Scientific and Practical Conference *on* Sustainable Development and Biofuel Use as a Way towards the Kyoto Protocol Implementation and Enhanced Complex Utilization of Wood Raw Material and Peat was held in Saint Petersburg in the House of the Government of the Leningrad Region.

The Conference was organized by the United Nations Economic Commission for Europe in collaboration with the Government of the Leningrad Region, the Saint Petersburg State Technological University of Plant Polymers and by a number of other organizations. More than 100 foreign and Russian experts representing leading universities, research institutions, industry and business took part in the Conference.

The participants point out that the time has come to go from individual pilot projects on the wide use of biofuel to a common economically efficient strategic policy on the wide use of renewable energy sources such as wood and peat. This will contribute considerably to the implementation of the Kyoto Protocol on prevention of global climate change.

*Устойчивое развитие и использование
биотоплива – путь к реализации Киотского протокола и
повышению комплексности использования древесины и торфа*

*Sustainable development and biofuel use as a way towards
the Kyoto protocol implementation and enhanced complex
utilization of wood raw material and peat*

Для Ленинградской области и Северо-Западного Федерального округа в целом биотопливо не только может стать важнейшей статьей экспорта, но и откроет новую страницу в развитии лесопромышленного комплекса и лесного хозяйства региона.

Участники считают целесообразной разработку региональной комплексной программы «Биотопливо и биоэнергия».

Такая программа должна включать:

➢ разработку региональной стратегии комплексного использования лесных ресурсов и реализации принципов Киотского протокола по предотвращению глобального изменения климата;

➢ создание системы использования биотоплива в Ленинградской области и Северо-Западном Федеральном округе на базе центров подготовки топлива и блочно-модульного ряда унифицированных котельных с оптимальным использованием импортных и российских компонентов;

➢ расширение международного сотрудничества в области научных исследований и практического применения биоэнергии;

➢ использование международных и национальных грантов и зарубежных целевых программ; разработку концепции экспорта биомассы из Северо-Западного региона Российской Федерации;

➢ анализ зарубежного опыта использования биотоплива;

➢ обобщение и анализ практического опыта использования древесного топлива и торфа в Северо-Западном регионе;

➢ обеспечение устойчивого лесопользования в Ленинградской области и Северо-Западном Федеральном округе;

➢ анализ возможных путей энергетического использования отвалов предприятий лесопромышленного комплекса;

As to the Leningrad Region and the North–Western Federal Area as a whole, biofuel not only can become the most important export but also opens a new page in the development of the Regional Forest–Industrial Complex.

The participants in consider it advisable to draw up a Regional integrated Programme on "Biofuel and Bioenergy".

The Programme should incorporate the following:

➢ development of a regional strategy for the comprehensive use of forest resources and for implementing the Kyoto Protocol principles on preventing global climate change;

➢ development of a biofuel use system for the Leningrad Region and the North–Western Federal Area on the basis of fuel preparation centres and a block-and-modular set of unified boilerhouses with the optimum use of imported and domestic components;

➢ expansion of international cooperation in the field of bioenergy research and practical implementation;

➢ the use of international and national grants and special foreign programmes; working out for a concept for biomass export from the North-Western Region of the Russian Federation;

➢ analysis of foreign experience in using biofuel;

➢ generalization and analysis of the practical experience in using wood fuel and peat in the North–Western Region;

➢ ensuring sustainable forest management in the Leningrad Region and in the North–Western Federal Area;

➢ analysis of possible ways for using the wasve of the Forest–Industrial Complex enterprise for energy productions;

*Устойчивое развитие и использование
биотоплива – путь к реализации Киотского протокола и
повышению комплексности использования древесины и торфа*

*Sustainable development and biofuel use as a way towards
the Kyoto protocol implementation and enhanced complex
utilization of wood raw material and peat*

> разработку и анализ возможных моделей развития лесопромышленного комплекса Ленинградской области и Северо-Западного Федерального округа;

> анализ экологических и социальных проблем Ленинградской области и Северо-Западного Федерального округа;

> научное и кадровое сопровождение и обеспечение программы.

Для разработки программы, её реализации и научного сопровождения представляется необходимым создание при правительстве Ленинградской области Консультационного Совета по проблеме: «Биотопливо и биоэнергия» из представителей региональных органов Законодательной и Исполнительной власти, науки, бизнеса и общественных организации.

> working out and analysis of development options for the Forest–Industrial Complex of the Leningrad Region and the North–Western Federal Area;

> analysis of the environmental and social problems of the Leningrad Region and the North–Western Federal Area;

> scientific and personnel support to the programme.

For working out the implementation of the Programme and for its scientific support there is a need to establish an Advisory Council on Biofuel and Bioenergy attached to the Government of the Leningrad Region, which could involve representatives of the Regional legislative and executive authorities, of public organizations, science and business.

Л.П. Совершаева

Заместитель Полномочного Представителя Президента Российской Федерации в Северо-западном Федеральном округе по экономическому развитию, финансовому контролю и социальным вопросам

Уважаемые дамы и господа!
Уважаемые участники и гости!

Российская Федерация обладает 25% мировых запасов леса и ее можно назвать легкими европейско-азиатского континента. Северо-Западный федеральный округ Российской Федерации обладает большей частью запасов леса, расположенного в европейской части страны. Запасы леса Ленинградской области составляют примерно 600 миллионов кубометров и являются одним из основаных ресурсов, обеспечивающих поступательное развитие ее хозяйства. В Ленинградской области успешно применяются рыночные механизмы ведения лесопромышленной деятельности и активно проводится работа по передаче лесов в долгосрочную аренду, таким образом, формируя лесопользователя, имеющего долгосрочные интересы и ответственность на конкретных участках лесного фонда.

L.P. Sovershaeva

Vice Plenipotentiary of the President of the Russian Federation in the North–Western Federal Area in Economic Development, Fiscal Control and Social Points

Ladies and Gentlemen,
Participants and Guests,

The Russian Federation has 25% of the global standing timber volume and it may be called the lungs of the Eurasian Continent. The North–Western Federal Area possesses the largest portion of forest reserves of European Russia. The standing timber volume of the Leningrad Region is as much as 600 million cubic metres; this is one of the main resources, and engines of growth of the regional economy. Market economy principles are being successfully applied in the Leningrad Region by the forestry sector and active work is conducted to transfer forests to a long lease. Thus, this makes it possible to form a forest user that has long–term interests and responsibility for concrete forest blocks.

Устойчивое развитие и использование
биотоплива – путь к реализации Киотского протокола и
повышению комплексности использования древесины и торфа

Sustainable development and biofuel use as a way towards
the Kyoto protocol implementation and enhanced complex
utilization of wood raw material and peat

Правительством Российской Федерации проводится реформа лесной отрасли страны, которая направлена на усиление рыночных позиций в экономике лесного комплекса с одновременным усилением контролирующей роли органов государственной власти и управления за неистощительным, рациональным использованием лесных ресурсов в интересах общества.

Для повышения эффективности управления лесной отраслью необходимо вести напряженную работу по совершенствованию нормативной базы. Это касается приведения нормативных актов Российской Федерации и субъектов Российской Федерации с соответствие с международно-правовыми актами, приведения действующих нормативных актов в соответствие с требованиями сегодняшнего дня, разработка недостающих нормативных актов.

В Ленинградской области нормотворческий процесс идет достаточно активно. Так, Правительством Ленинградской области поставлен ряд задач по совершенствованию нормативной базы, которые вытекают из Послания Президента Российской Федерации Федеральному Собранию Российской Федерации.

Это разработка областного закона о лесопользовании и воспроизводстве лесов Ленинградской области; областного закона «Об экономических основах природопользования на территории Ленинградской области»; предложений по детализации предметов ведения и полномочий субъектов Российской Федерации в части полномочий по лесо- и недропользованию применительно к Ленинградской области; предложений по ставкам лесных податей и арендной платы за пользование участками лесного фонда в культурно-оздоровительных, туристских и спортивных целях; нормативных актов, регламентирующих предоставление налоговых и иных льгот предприятиям, использующим в тепло- и электроэнергетике в качестве энергоносителя биотопливо, другие нормативные акты.

Считаю, что наши иностранные коллеги, располагающие большим опытом разработки нормативно-правовых актов в лесохозяйственной и лесопромышленной областях, защиты окружающей среды, имеют возможность оказать помощь в работе по созданию нормативно-правовых актов на уровне субъекта Российской Федерации.

The Government of the Russian Federation is reforming the national Forestry Sector. This reform has as its target to strengthen the market position of the Forestry Complex economy, while simultaneously enhancing the controlling role of authorities and managerial bodies in the sustainable use of forest resources in the interests of society.

For more effective forest management it is necessary to conduct serious work on improving the standards base of the Forest Industry. This concerns the necessity of bringing legislation of the Russian Federation and of its subjects into conformity with international legal acts, to bring the legislation in force into conformity with today's requirements, and to draw up any necessary legislation which is lacking.

The standard creating process is rather active in the Leningrad Region. The Government of the Leningrad Region has set a number of tasks for improving the existing standard base; these tasks arise from the Message of the President of the Russian Federation to the Federal Assembly of the Russian Federation.

The tasks are as follows: to draft a forest management and reforestation act for the Leningrad Region; a regional act on the Economic Basis of Nature Management on the Territory of the Leningrad Region;" proposals for the description in detail of points under the authority and scope of powers of subjects of the Russian Federation as to forest management and management of mineral resources as applied to the Leningrad Region; proposals for forest tax rates and rent rates for the use of forest blocks for cultural and sanitary, tourist and sports purposes; standard acts regulating tax exemptions as well as any other benefits of the enterprises which use biofuel as an energy source in their heat and power systems; other legislation.

I think our foreign colleagues experienced in working out of standard and legal acts in the field of forestry, forest–based industries and environment protection assist us in our work aimed at creation of standard and legal base at the level of a subject of the Russian Federation.

*Устойчивое развитие и использование
биотоплива – путь к реализации Киотского протокола и
повышению комплексности использования древесины и торфа*

*Sustainable development and biofuel use as a way towards
the Kyoto protocol implementation and enhanced complex
utilization of wood raw material and peat*

Сама тема этой конференции: использование восстанавливаемых энергоносителей - древесины и торфа - в увязке с положениями Киотского протокола, является подтверждением нашего осознания ответственности за поддержание качества окружающей среды как места обитания человека и приверженности взятым на себя обязательствам перед живущими и грядущими поколениями.

Проводимая в Северо-Западном регионе Российской Федерации и, в частности, в Ленинградской области работа по сертификации лесов, промышленных предприятий и продукции также отвечает этой цели и подтверждает стремление довести их до требований, предъявляемых мировым сообществом. Для проведения этой работы требуется финансовое обеспечение и его надо находить как в Российской Федерации, так и в международных финансовых структурах.

Ленинградская область обладает большим запасом биотоплива, которое может быть использовано для получения тепловой и электрической энергии. Исходя из выгодного географического положения области, она может стать источником экологически чистой электроэнергетики и источником квот на выбросы CO2. Использование биотоплива в больших масштабах также будет создавать условия для развития основанной на ископаемых энергоносителях российской большой энергетики, которой для этого потребуются квоты, сохранению невосполнимых ископаемых энергоносителей, увеличению экспортного потенциала страны в связи с планируемым ростом потребления традиционных энергоносителей западными рынками. Для масштабной перестройки и развития областной коммунальной и промышленной энергетики необходимо осуществление комплексной программы. У наших западных коллег имеется возможность принять участие в ее реализации не только на уровне пилотных проектов.

Свой вклад в реализацию этой программы должна внести отечественная наука и промышленность, предлагая образцы передовой техники и технологии. Надо обращаться к опыту наших зарубежных соседей, которые достигли высоких результатов в производстве природосберегающих машин и механизмов, исключающих тяжелый физический труд в лесном комплексе.

The topic of this Conference, namely, the use of renewable energy sources such as wood and peat, coupled with the provisions of the Kyoto Protocol, confirms the fact that we have begun to realize our responsibility for the sustenance of environmental quality and we are true to our obligations to present and future generations.

The work on certification of forests, industrial enterprises and products performed in the North–Western Region answers this purpose and confirms that Russia is striving for the certified objects to be brought into conforming with the requirements of the world community. This work needs financial resources, which have to be found both in Russia and in international financial structures.

The Leningrad Region has large reserves of biofuel, which can be used for heat and power generation. Because of its advantageous geographical location, the Region, can become both a source of environmentally safe power industry and a source of CO_2 emission quotas. The use of biofuel on a large scale would also create suitable conditions for the development of Russia's power industry based on fossil fuel, which will require quotas. This would help in saving the non–renewable fossil fuel reserves, in increasing the export potential of the country because of the planned growth in consumption of traditional energy resources on the Western markets. To bring about large-scale restructuring and development of the regional municipal and industrial power generation systems, a comprehensive programme should be implemented. Our Western colleagues have an opportunity to take part in its implementation not only at the level of pilot projects.

National scientific organization and industry must contribute to the implementation of this programme through model up–to–date machinery and technology. We should look at the experience of neighboring countries, which have achieved great success in the production of environmentally safe engines and mechanisms, which eliminate the need for hard manual labour in the Forestry Complex.

Устойчивое развитие и использование
биотоплива – путь к реализации Киотского протокола и
повышению комплексности использования древесины и торфа

*Sustainable development and biofuel use as a way towards
the Kyoto protocol implementation and enhanced complex
utilization of wood raw material and peat*

Ресурсы области позволяют увеличить объемы переработки древесного сырья путем создания дополнительных мощностей по химической и химико-механической переработке древесины. Конъюнктура на рынке химико-механической переработки древесины представляется благоприятной для расширения и создания таких мощностей. Для этого потребуются масштабные инвестиции. Как российский, так и иностранный капитал должен быть заинтересован в реализации перспективных проектов.

Решение экологических проблем путем неистощительного пользования лесными ресурсами, рационального использования древесного сырья, обуславливается и повышением культуры производства, средством для чего является сертификация. Для того, чтобы нас воспринимали в цивилизованном мире как равных партнеров, нам надо изменить свой менталитет в отношении качества. Должно быть воспитано уважительное отношение к произведенному продукту. Каждая страна шла своим путем к пониманию необходимости воспитания уважения к качеству продукции. У каждой из них свой индивидуальный опыт. Этот опыт нам надо изучать. Если наши иностранные коллеги действительно хотят видеть Российскую Федерацию равноправным партнером с развитой современной экономикой, то передача этого опыта - это еще одно поле деятельности для них.

Хочу пожелать конференции плодотворной работы. Хочу отметить, что подобная работа по обмену опытом и распространению знаний заслуживает уважения и поддержки и выразить благодарность ее инициаторам .

The available regional resources allow wood raw material processing to be increased through the creation of additional capacities for chemical and chemico–mechanical processing of wood. The prevalent conditions on this market seem to be favorable for the expansion and/or creation of these capacities. This would require large–scale investment. Both Russian and foreign capital should be interested in carring out such promising projects.

Any solution of environmental problems through sustainable forest management and the effective use of wood raw material is closely associated with higher level of production and for achieving it certification is culture a key tool. For Russia to be cinsidered an equal partner we must change our mentality as to quality issues. We must bring up people to hold manufactured products in respect. Every country follows its own path towards understanding of the necessity of this and every country has its individual experience. We should study this experience. If our foreign colleagues want to see the Russian Federation as an equal partner with an advanced developed economy, transfer of their experience is one more area for their activity.

I would like to wish the Conference fruitful work. I want to note that such a work on sharing of experience and dissemination of knowledge is most admirable and deserves support and I'd like to express my gratitude to its sponsors.

Доктор Кэрол Козгров–Сакс
Директор Отдела Торговли ЭКЕ ООН

Роль международного сотрудничества в устойчивом развитии лесного сектора

Высокие Гости,
Дамы и Господа,
Господин Председатель!

Прежде всего, мне хотелось бы поблагодарить организаторов конференции, особенно Правительство Ленинградской области и Санкт–Петербургский государственный технологический университет растительных полимеров, за проделанную ими превосходную работу по подготовке этой встречи, в которой принимает участие так много специалистов высокого уровня.

Dr. Carol Cosgrove-Sacks
Director, Trade Division, UNECE

Sustainable development of the forest sector through international cooperation

Distinguished guests,
Ladies and Gentlemen,
Mr. Chairman,

At the outset, I would like to thank the organisers of the Conference, and in particular the Government of the Leningrad region and the St. Petersburg State Technological University of Plant Polymers, for the excellent work that has been done to prepare this event with the participation of so many high-level specialists.

Устойчивое развитие и использование
биотоплива – путь к реализации Киотского протокола и
повышению комплексности использования древесины и торфа

Sustainable development and biofuel use as a way towards
the Kyoto protocol implementation and enhanced complex
utilization of wood raw material and peat

Мне доставляет большое удовольствие описать в нескольких словах смысл проведения сегодняшней конференции и результаты, которые мы надеемся получить не только сегодня и завтра, но, особенно, и в дальнейшем.

Сегодняшняя конференция представляет собой один из этапов долгосрочного сотрудничества между Правительством Ленинградской области и Отделом Торговли Европейской Экономической Комиссии ООН, директором которого я являюсь.

Задача Отдела Торговли ЭКЕ ООН, в который входят как Лесной Комитет, деятельность которого, возможно, знакома многим из вас, так и Комитет по развитию торговли, промышленности и предпринимательства, состоит в том, чтобы способствовать распространению наилучшей практики устойчивого лесопользования в нашем регионе.

Регион ЭКЕ ООН включает Европейские страны, США и Канаду; он охватывает более 95% лесов умеренной и северной климатической зон.

Бореальные леса и леса умеренного пояса региона ЭКЕ ООН представляют собой один из видов возобновляемых ресурсов, имеющих огромное значение для многих входящих в состав региона государств. В таких странах, как Канада, США, Россия, Швеция и Финляндия, леса вносят весьма существенный вклад в их экономику. Они обеспечивают значительную занятость населения и поддерживают инфраструктуру во многих сельских районах. Более того, они составляют существенную статью дохода, получаемого от экспорта сырья и условно–чистой продукции лесной промышленности; к этому следует добавить и все более весомый доход от туризма.

Многие из входящих в регион государств с переходной экономикой сталкиваются с серьезными трудностями в извлечении прибыли из своих лесных ресурсов. В частности, перед Россией, которая обладает наибольшими запасами естественных лесных ресурсов, стоят особенно сложные задачи обеспечения устойчивого развития того, что потенциально могло бы стать одним из ее главных видов экспортируемой возобновляемой продукции.

It is my pleasure to describe in a few words the broader context of today's conference and the results that we would hope to achieve today and tomorrow, but in particular in the longer term.

Today's conference is part of a long-term cooperation between the Government of the Leningrad region and the UN Economic Commission for Europe's Trade Division, of which I am the Director.

Our concern in the UNECE Trade Division, which includes both the Timber Committee, that many of you may be familiar with, and the Committee on Trade, Industry and Enterprise Development, is to promote best practice in the sustainable management of forests in our region.

The UNECE region includes European countries, the USA and Canada and covers more than 95% of global temperate and boreal forests. Our focus is on these forests, and on the wood and non-wood products, which they produce.

The temperate and boreal forests of the UNECE region constitute one of the most important renewable resources for many of our member States. The forests of countries such as Canada, the USA, Russia, Sweden and Finland make very significant contributions to the economies of these countries. They provide substantial employment and support the physical infrastructure of many rural regions. Moreover, they account for considerable export revenue derived from raw materials and from value-added products from the forests, plus increasingly important tourism income.

Many of our Member States with economies in transition are confronted by major challenges in developing economic gains from their forest resources. Russia, in particular, hosting the world's most extensive natural forests, faces particularly difficult problems in promoting the sustainable development of what potentially could be one of its principal renewable export products.

*Устойчивое развитие и использование
биотоплива – путь к реализации Киотского протокола и
повышению комплексности использования древесины и торфа*

*Sustainable development and biofuel use as a way towards
the Kyoto protocol implementation and enhanced complex
utilization of wood raw material and peat*

С февраля 1998 года по просьбе Российской Федерации Отдел Торговли ЭКЕ ООН воплощает в жизнь проект «Создание возможностей для развития финансирования торговли и планирования капиталовложений в Российский Лесной Сектор». Именно в связи с данным проектом и проводится сегодняшняя конференция.

Проект предполагает целый ряд мер, которые состоят в следующем:

➤ осуществление устойчивого управления на уровне предприятий Российского лесного сектора;

➤ совершенствование методов торговли в лесной промышленности;

➤ прогрессивные методы финансирования торговли;

➤ портовая обработка грузов лесоматериалов.

Основное значение проект придает тому, чтобы вся деятельность лесного сектора была направлена на воплощение в жизнь концепции устойчивого развития.

Проект уже проявил себя как хорошее средство вовлечения предприятий и учреждений лесного сектора (Ленинградской и Архангельской областей) в работу по укреплению их деловых связей с лесными предприятиями и учреждениями за пределами Российской Федерации, главным образом, вследствие того долгосрочного содержания, которое в нем заложено.

Очевиден ответ на вопрос, почему устойчивое развитие является жизненно важным для Российского лесного сектора. В начале девяностых годов озабоченность крупных неправительственных организаций в отношении (меж)государственных действий, направленных на прекращение вырубки и потери перестойных лесов, привела к появлению добровольной, ориентированной на рынок, сертификации качества лесопользования и маркировки лесной продукции. Возникло осознание того, что торговлю можно заставить работать на сохранение окружающей среды, если она базируется на устойчиво управляемых лесах, и что сертификация и маркировка могли бы стать теми инструментами, которые, в целях содействия развитию устойчивого лесопользования, оказывали бы влияние на промышленность и на торговлю.

Since February 1998, at the request of the Russian Federation, the UNECE Trade Division has been implementing the project "Capacity Building to Improve Trade Finance and Investment Prospects for the Russian Timber Sector". It is in the context of this project that today's conference is held.

The project consists of a number of activities:

➤ sustainable management practices at the enterprise level for the Russian Forest Sector;

➤ improved Trade procedures for the Timber Industry;

➤ innovative Trade finance techniques;

➤ timber Port Operations.

The main emphasis of the project is to strengthen the sustainable development of the forest sector through all its activities.

The project has proved to be a successful instrument for the participating enterprises and forest Institutions in the core area where we work, (that is the Leningrad Oblast and the Arkhangelsk Oblast) in strengthening their work contacts with Forest enterprises and institutions outside the Russian Federation, mainly also because of the long-term context that we can offer.

It is clear why the sustainable development aspect is of vital importance for the Russian Forest sector. In the early 1990s, concern among major environmental non-governmental organizations (ENGOs) regarding (inter) governmental efforts to stop deforestation and loss of old-growth forests led to the emergence of market-oriented voluntary certification of forest management quality and labelling of forest products. It was realised that trade could be made to work towards environmental conservation if it is based on sustainable managed forests, and that certification and labelling could be tools to influence industry and trade to contribute to sustainable forest management (SFM).

*Устойчивое развитие и использование
биотоплива – путь к реализации Киотского протокола и
повышению комплексности использования древесины и торфа*

*Sustainable development and biofuel use as a way towards
the Kyoto protocol implementation and enhanced complex
utilization of wood raw material and peat*

Появились, особенно в Европе, группы покупателей, настаивающие на осуществлении сертификации, которую они рассматривают как доказательство хорошо управляемых источников поставляемой им продукции. С 1993 года лишь Лесной Попечительский Совет занимался определенной маркировкой продукции, которая сейчас прочно укоренилась на рынке, однако ситуация изменяется вследствие возникновения как Пан–Европейской схемы лесной сертификации (PEFC), так и различных национальных схем. Эта область все еще развивается, и не ясно, какие схемы сертификации выживут, и каково будут их соотношение.

Российская лесная продукция будет играть все более важную роль на международном рынке, и неизбежно, что на российские леса международное сообщество будет обращать даже более пристальное внимание. Поэтому ввод «новой» продукции также должен будет осуществляться с максимальным учетом ее влияния на окружающую среду.

Как вы знаете, одной из таких новых разработок в результате нашего тесного сотрудничества в рамках «Лесного проекта» является устойчивое использование биомассы в Ленинградской области.

Биомасса представляет собой органическую материю, которая доступна на возобновляемой основе; в нее входят лесосечные отходы, древесина и отходы ее переработки.

Киотский протокол (1997 г.) Конвенции в рамках ООН по изменению климата (UN Framework Convention on Climate Change) содержит количественные обязательства для промышленно-развитых стран ограничить или снизить выбросы парниковых газов.

Согласно Киотскому Протоколу промышленно–развитые страны должны взять на себя обязательства за период с 2008 года до 2012 года снизить уровень выбросов в атмосферу до величины, которая, по крайней мере, на 5% ниже уровня выбросов 1990 года. Для стран, входящих в Европейский Союз, в Протоколе оговаривается 8% снижение уровня выбросов парниковых газов; для России пока такое снижение не предусмотрено.

Particularly in Europe, Buyers' Groups have emerged, which insist on certification as a proof of well managed sources for their supplies. Since 1993, the Forest Stewardship Council (FSC) has provided the only label that is currently well established in the marketplace; but this is changing because of the emergence of the Pan-European Forest Certification (PEFC) as well as national schemes in many countries. The field is still evolving and it is uncertain which schemes will survive and what their relationships will be.

Russian forest products will play an increasingly important role on the international market and inevitably the attention of the international community will be focused even stronger on the Russian Forests. For that reason the introduction of "new" products will also have to be developed with the utmost consideration of environmental consequences.

As you know, one of these new developments as a result of our close cooperation in the "Timber Project" is the sustainable use of biomass in the Leningrad Oblast.

Biomass is largely defined as organic matter available on a renewable basis, including forest residues, wood and wood waste.

The Kyoto Protocol (1997) to the UN framework Convention on Climate Change (UNFCCC) contains legally binding, quantified commitments for industrialized countries to limit or reduce Greenhouse gas (GHG) emissions.

According to the Kyoto Protocol, the industrialized countries have to reduce their emissions by at least 5% below 1990 levels within the commitment period, 2008-2012. For the European Union, the Protocol stipulates an 8% reduction in GHG emission; for the Russian Federation this is 0%.

*Устойчивое развитие и использование
биотоплива – путь к реализации Киотского протокола и
повышению комплексности использования древесины и торфа*

*Sustainable development and biofuel use as a way towards
the Kyoto protocol implementation and enhanced complex
utilization of wood raw material and peat*

Добиться снижения выбросов углекислого газа Европейские страны могут за счет использования вместо существующих видов ископаемого топлива возобновляемых источников энергии, утилизация которых не приводит к загрязнению окружающей среды. Заменой ископаемому топливу может служить, например, биомасса, которую образуют лесосечные отходы, древесина и древесные отходы. В Европе для этих целей уже существуют соответствующие технологии.

European countries can achieve the reduction of CO_2 emission by using sustainable and non-polluting energies to replace current fuels. Fossil fuel can be replaced by biomass, including forest residues, wood and wood waste. The technology required for this purpose already exists in Europe.

Леса Российской Федерации, и особенно, Архангельской и Ленинградской областей, обладают огромными запасами биомассы. Учитывая, что Российская Федерация могла бы, в принципе, удовлетворить существующий в Западной Европе уровень спроса на биомассу, очевидно, что именно лесной сектор будет играть важную роль в этом аспекте разрабатываемой стратегии в отношении предотвращения изменения климата при условии, что во главе угла будут стоять идеи концепции устойчивого развития.

The Russian Federation, and notably the Arkhangelsk Oblast and Leningrad Oblast have large quantities of biomass in their forests. At present, there is no coordinated approach to developing the potential of this resource of sustainable energy, but the project is contributing to such a coordinated approach. Bearing in mind that the Russian Federation can, in principle, cover all required demands for woody biomass in Western Europe, it is clear that the Forest sector can play an important role in this aspect of climate policymaking, provided the sustainable development aspect is placed at the centre of the discussion.

В заключение мне хотелось бы подчеркнуть необходимость четко определить области нашего сотрудничества и рассказать в общих чертах о мероприятиях, последующих за конференцией.

In conclusion I would like to emphasize the need to clearly identify our areas of cooperation and to outline the follow-up this conference.

После этой конференции 17 и 18 сентября в Роттердаме, Нидерланды, состоится Форум по устойчивому лесопользованию.

Today's conference will be followed by a "Forum on Sustainable Forest Management" on 17 and 18 September in Rotterdam, Netherlands.

10 и 11 декабря мы будем оценивать те результаты, которые дало наше сотрудничество, и намечать рабочий план на следующий год.

On 10 and 11 December we will evaluate the progress that has been made in our cooperation and decide on our workplan for next year.

К настоящему моменту мы уже имеем полезные практические результаты; наше сотрудничество вывело устойчивое использование Российской биомассы на практический уровень.

We have to date achieved good and practical results; our cooperation has taken the sustainable use of Russian biomass to a practical level.

Однако гораздо больше еще предстоит сделать, и поэтому я предлагаю вам сосредоточить основные усилия на практическом плане работы в течение следующих 6 месяцев. При этом мы будем поддерживать тот наступательный порыв, которого мы достигли, и наш проект будет оставаться важным инструментом международного сотрудничества во благо лесов России и всех тех, кто отстаивает ее интересы.

Much more needs to be done, however, and I would therefore invite you to focus on a practical plan of work for the next 6 months. In doing so, we will keep the momentum that we have built and our project will remain an important instrument for international cooperation, for the benefit of the Russian forests and all those who defend Russia's interest.

Благодарю за внимание.

Thank you.

Устойчивое развитие и использование
биотоплива – путь к реализации Киотского протокола и
повышению комплексности использования древесины и торфа

Sustainable development and biofuel use as a way towards
the Kyoto protocol implementation and enhanced complex
utilization of wood raw material and peat

И.Н. Григорьев

Вице-губернатор Ленинградской области

ЭНЕРГЕТИЧЕСКИЕ ПРОБЛЕМЫ ЛЕНИНГРАДСКОЙ ОБЛАСТИ

Уважаемые участники и гости!

Сердечно поздравлю вас с открытием Международной научно-практической конференции.

Последние события в мире, внимание международной общественности к практической реализации Киотского протокола очередной раз демонстрируют ключевую роль топливно-энергетического комплекса в мировой экономике.

Топливно-энергетический комплекс является основой промышленности Ленинградской области и имеет важное значение не только для Северо-Запада, но и всей России в целом.

Так удельный вес промышленной продукции топливно-энергетического комплекса в объеме областного производства составляет 40%. В Ленинградской области производится от российских объемов 4% электроэнергии, 8% нефтепродуктов.

Отдельно следует выделить газоснабжение, как основу инфрастуктуры областного ТЭК. Доля газа в общем объеме потребления топлива составляет около 60% и мы планируем дальнейшее его увеличение в структуре топливного баланса области. На территории Ленинградской области длительное время функционируют такие предприятия федерального значения, как Ленинградская атомная электростанция, «Киришинефтеоргсинтез», завод «Сланцы», шахты «Ленинградсланца», осуществляется строительство: Балтийской трубопроводной системы, завода по глубокой переработке нефти, нефтеналивных и угольных терминалов.

В дальнейшем на территории области предусмотрено строительство новых линий электропередач, газопроводов, нефтепродуктопроводов, которые будут снабжать топливно-энергетическими ресурсами не только Северо-Запад России, но и страны Западной Европы, что станет основой их устойчивого стабильного развития.

I.N. Grigoriev

Vice−Governor of the Leningrad Region

ENERGY PROBLEMS OF THE LENINGRAD REGION

Dear Participants and Guests,

My cordial congratulations on the opening of the International Scientific and Practical Conference.

Recent global events, and the attention the world community is giving to the implementation of the Kyoto Protocol demonstrate once again the key role the Fuel−and−Power Complex has been playing in the world economy.

The Fuel−and−Power Complex forms the basis of the Regional industry and is of great importance not only for Russia's North−West but also for the whole of Russia.

For example, the specific weight of industrial products of the Fuel−and−Power Complex is as much as 40% of the total volume of regional production. The Leningrad Region produces 4% of the electric power and 8% of the petroleum products produced in Russia.

Gas supply should be singed out as the basis of the Regional Fuel−and−Power Complex infrastructure. The contribution of gas to total fuel consumption is about 60% and we are planning to increase it further in the Regional fuel balance structure. Enterprises at the federal level, such as the Leningrad Atomic Power Plant, the Kirishinefteorgsynthes, the Slantzy Mill and the Leningradslanetz Mines, have been operating for a long time on the territory of the Leningrad Region. The Baltic pipeline system, a petroleum refining mill, oil−loading and coal−loading terminals are being constructed here.

Further provision has been made for the construction of new power lines, gas lines, and petroleum product pipelines on the territory of the Region. These will deliver fuel resources not only to Russia's North−West but also to Western European countries, contributing to their steady progress.

*Устойчивое развитие и использование
биотоплива – путь к реализации Киотского протокола и
повышению комплексности использования древесины и торфа*

*Sustainable development and biofuel use as a way towards
the Kyoto protocol implementation and enhanced complex
utilization of wood raw material and peat*

На проводимой нами конференции к рассмотрению выделен один из аспектов, одно, но очень важное направление работы по повышению эффективности использования топливно-энергетических ресурсов, связанное с оптимизацией структуры топливного баланса, а именно, с широким применением местных видов топлива (отходов древесины и торфа) на теплопроизводящих предприятиях Ленинградской области.

Переходя к основной части доклада, необходимо отметить, что в ближайшей перспективы предстоит повышение цен на газ (к 2003г. в 2,5 раза, а к 2005г. еще в 1,4 раза). Удаленность мест добычи угля, сокращение производства мазута, ввиду углубления переработки нефти, сохранит высокими цены на эти виды топлива для Ленинградской области.

Поэтому наиболее целесообразным для Ленинградской области является ориентация коммунальной энергетики и котельных промышленных предприятий, на местные виды биотоплива: кусковой и фрезерный торф; щепу из неликвидной древесины, а также отходы лесозаготовки и деревопереработки; опилки; кору из имеющихся отвалов, со сроком хранения не более 5 лет.

О торфе, общие данные.
В Ленинградской области имеется около 2300 торфяных месторождений общей площадью более 10000 кв. км. Запасы топливного торфа составляют около 1,3 млрд. тонн. Сырьевая торфяная база области способна обеспечить потребности в коммунально-бытовом торфяном топливе и торфе на 500 лет при ежегодном потреблении до 2-х млн. тонн.

Анализ торфяных ресурсов области показывает, что они в состоянии значительно уменьшить напряженность топливного баланса в коммунально-бытовом секторе. Основное преимущество торфяного топлива перед каменным углем - сравнительно низкая его себестоимость, приближенность к местам потребления, высокие экологические свойства: низкое содержание золы и серы.

На территории области впервые торф на топливо стал применяться и начались его заготовки в 1798 году в Александро-Невском монастыре.

The Conference focuses primary attention on one most important aspect, one line of work, which is related to increasing efficiency of the use of fuel resources. This is linked to optimization of fuel balance structure, namely, with the extended use of local fuels (wood residue and peat) at heat generating enterprises of the Leningrad Region.

While coming to the main part of the paper, it is necessary to note that we can expect a certain increase in prices for gas in the immediate future (2.5 times – by 2002 and a further increase by the factor of 1.4 – by 2005). Because of remoteness of the coalming areas and reduced fuel oil production (because of extended oil refining), the prices for these fuels remain high in the Leningrad Region.

Because of this, orientation of the municipal power industry and of boilerhouses of industrial enterprises to local biofuel grades such as lump and milled peat, unmerchantable chips as well as forest residue and woodworking waste, sawdust, bark from the available clumps with a storage life of no more than 5 years would be most appropriate for the Region.

Now about peat (general information).
There are about 2,300 peat beds whose total area exceeds 10,000 sq. km. Fuel peat reserves are as much as 1.3 billion tons. The Regional peat raw material base could meet the demand for municipal–consumer peat fuel and for peat over a period of 500 years at their annual consumption of up to 2 million tons.

It follows from analysis of the regional peat reserves that they are capable of significantly weakening the fuel balance tension in the municipal–consumer sector. The main advantages of peat fuel over coal are its comparatively low cost, proximity to the places of consumption, and high environmental properties such as low ash and sulphur content.

Peat extraction was initiated in the Region in 1798 at the Alexander–Nevsky Monastery and there for the first time it was used as fuel.

Устойчивое развитие и использование
биотоплива – путь к реализации Киотского протокола и
повышению комплексности использования древесины и торфа

Sustainable development and biofuel use as a way towards
the Kyoto protocol implementation and enhanced complex
utilization of wood raw material and peat

В довоенные годы на торфе в области работало несколько крупных ГРЭС и ТЭЦ: ГРЭС №5-111 тыс. кВт, ГРЭС №8-310 тыс. кВт, ТЭЦ №15, большое количество коммунальных котельных. В топливном балансе области 1960 года торф составлял 24,3%, действовало 23 торфопредприятия с проектной мощностью около 4 млн. тн в год. В начале 70-х годов в области добывалось по 2,0 - 2,3 млн. тн топливного торфа. В дальнейшем, с увеличением объемов добычи угля, нефти и газа, торф, как топливо незаслуженно стал терять свои позиции в структуре топливного баланса, уступая место перечисленным выше энергоносителям. В настоящее время торф в структуре топливного баланса области составляет от 1,7% до 2%.

Сегодня, в связи с дефицитом названных выше энергоносителей и ростом цен на них, роль торфа, как коммунального топлива, снова возрастает. Тем более, что в последнее время, кроме традиционных видов топливного торфа (кусковой торф и фрезерный), начал осуществляется заводской выпуск так называемого "композитного топлива" - смесь торфа с продуктами нефтепереработки, с отходами сланца, опилок и др. Теплотворная способность такого топлива- от 4000 до 6000 ккал/кг, а цена более чем в два раза меньше угля.

Сейчас на территории области действуют 14 торфопредприятий. Объем добычи топливного торфа колеблется в последние годы от 60 тыс. тн до 200 тыс. тн. В 2001 году запланировано заготовить около 170 тыс. тн топливного торфа для обеспечения потребностей коммунальных котельных и Кировской ГРЭС-8.

Правительство области в пределах своих возможностей принимает все меры по поддержке торфопредприятий. Начиная с 1995 года производится авансирование добычи топливного торфа, ежегодный объем финансирования вырос с 2890 тыс. руб. в 1995 году до 9000 тыс. руб. в 2001 году.

По заданию правительства институт торфа НИИТП разработал схему развития производства торфяной продукции в области на период до 2010 года.

In pre−war years several large water−power stations and power−and−heating plants such as water−power stations No.5 (111 thousand kW), No.8 (310 thousand kW), the power−and−heating plant No.15 as well as a number of municipal boilerhouses had operated on peat. In 1960 the contribution of peat to the Regional fuel balance was as much as 24.3%; 23 peat enterprises of design capacity of about one million tons a year had been functioning. Early in the 1970s, annual peat output had been as high as 2.0–2.3 million tons. Subsequently, with increasing volumes of coal mining, petroleum and gas production, the position of peat as fuel had been falling unfairly in the fuel balance structure, giving way to the energy resources mentioned above. Presently the peat share is 1.7 − 2% in the Regional fuel balance structure.

Today, because of the deficit in these energy resources and the increase in their prices, the role of peat as a municipal fuel is increasing again. Especially as in the last years, in addition to the usual fuel peat grades (lump and milled peat), so called "composite fuel" is coming into industrial production (this is a mixture of peat with oil refining products, shale waste, saw dust, etc.). Calorific power of this fuel is in the range of 4,000 to 6,000 kcal/kg, and its price is half that of coal.

There are 14 peat enterprises in the Region now. In recent years peat output varied through the range from 60 thousand tons to 200 thousand tons. It is planned to store up about 170 thousand tons of fuel peat in 2001 to meet the demand of municipal boilerhouse and the Kirovskaya Water Power Station N°. 8.

The Government of the Leningrad Region makes all possible efforts to support the peat enterprises. Since 1995 advancies in fuel peat extraction have been made. The annual amount of financing has increased from 2,890 thousand Rubles in 1995 to 9,000 thousand in 2001.

On the instructions of the Government of the Region, the Institute of Peat (NIITP) has worked out a scheme for developing peat−based industries in the Region for the period up to 2010.

Устойчивое развитие и использование
биотоплива – путь к реализации Киотского протокола и
повышению комплексности использования древесины и торфа

Sustainable development and biofuel use as a way towards
the Kyoto protocol implementation and enhanced complex
utilization of wood raw material and peat

Правительством разработана программа реконструкции муниципальных котельных с целью максимального использования местного биотоплива (топливного торфа, древесных отходов), что позволит уменьшить потребление дальнепривозного угля. Реконструкция первой котельной будет осуществлена в МО "Лужский район" уже в этом году.

Начиная с 2002 года будет осуществляться Федеральная программа "Энергоэффективная экономика". Подразделом этой программы – "Эффективное энергообеспечение регионов на основе использования местных видов топлива и нетрадиционной энергетики на 2002-2005 гг и до 2010 года" - предусматривается развитие добычи топливного торфа по Ленинградской области до одного миллиона тонн в год, для чего в торфяную отрасль области будет инвестировано около 620 млн. рублей, в том числе из федерального бюджета - 260 млн. рублей.

Древесные отходы.
По данным комитета по лесопромышленному комплексу имеется около 6 млн. плотных м^3 в год невостребованной древесины, в том числе древесных отходов более 3 млн.пл.м^3). Только древесными видами биотоплива, в т ч. отходами, могут быть обеспечены котельные с общей тепловой мощностью более 900 Мвт, с расстоянием доставки не более 50 км.

В Ленинградской области в 2000г. проводилась достаточно большая работа по переводу котельных на сжигание биотоплива: на древесные виды топлива переведены три угольные котельные: в п. Пашозеро; п. Еремина Гора, Тихвинского района и с. Винницы, Подпорожского района, выполняются аналогичные работы по трем котельным в Приозерском районе.

Перевод на биотопливо этих котельных дал экономию в размере 39,8 млн. руб. в год.

Из вышеизложенного перечня видно, что реализация этих энергосберегающих мероприятий проводится не достаточно интенсивно. Это связано с отсутствием в Ленинградской области следующих комплексных услуг и предложений, с удовлетворяющим соотношением "цена-качество":

The Government has developed a programme for reconstructing municipal boilerhouses. The programme aims at the maximum use of local biofuel (fuel peat, wood residue), allowing a decrease in consumption of coal delivered from remote areas. The first boilerhouse is be reconstructed in the MO Luzhsky District in 2001.

Since 2002 Federal Programme "Energy–Efficient Economy" will be implemented. The subsection of this Programme "Efficient Energy Supply to Regions on the Basis of the Use of Local Fuels and while Applying Nontraditional Power Engineering for the Period from 2002 to 2005 and until 2010" provides for the increase in annual fuel peat output up to one million tons in the Leningrad Region. To achieve this volume, about 620 million Rubles will be invested into the peat industry, including 260 million from the federal budget.

Wood residue
According to the data of the Committee of the Forest–Industrial Complex, there are about 6 million solid m^3 of unclaimed wood a year including more than 3 million solid m^3 of wood residue available. Boilerhouses of a total thermal capacity of 900 MW with delivery distances of no more than 50 km can be provided solely with wood fuel including wood residue.

Much work was under way in the Region towards the conversion of boilerhouses to biofuel burning. For example, three coal–based boilerhouses were converted to wood fuels in the settlements of Pashozero, Eremina Gora of the Tikhvin District and in the village of Vinnitzy of the Podporozhsky District. Similar works are being performed at three boilerhouses situated in the Priozersk District.

The conversion of these boilerhouses to biofuel has resulted in an annual saving of 39.8 million Rubles.

It can be seen from the above list that these energy–saving measures are not being implemented sufficiently intensively. This is due to the lack of the following services and offers in the Region with a satisfactory price quality ratio:

Устойчивое развитие и использование
биотоплива – путь к реализации Киотского протокола и
повышению комплексности использования древесины и торфа

Sustainable development and biofuel use as a way towards
the Kyoto protocol implementation and enhanced complex
utilization of wood raw material and peat

1. Переработка в щепу неделовой древесины, отходов лесозаготовки и деревопереработки, а также коры из отвалов, со сроком хранения не более 5 лет.

2. Доставка до котельных специализированным грузовым автомобильным транспортом (с объемом кузова 30 - 100 м³, оборудованного механизированной выгрузкой) щепы, опилок, коры, кускового и фрезерного торфа.

3. Изготовление в Ленинградской области и поставке современного оборудования:

   ➢ для автоматизированной подачи различных смесей влажного биотоплива (щепы, опилок, коры, торфа) со склада топлива котельных до предтопков котлов.

   ➢ универсальных предтопков и топочных устройств, для сжигания как в существующих, так и вновь устанавливаемых котлах отопительных котельных, местного влажного биотоплива различных видов и их смесей, с КПД не менее 85%.

4. Отсутствие в необходимом объеме целевых инвестиционных средств для организации массового перевода котельных на биотопливо и внедрение энергосберегающих технологий.

Потенциальный объем по переводу котельных на сжигание биотоплива в Ленинградской области может дать экономический эффект более 700 млн. руб в год, за счет разницы цен на топливо, повышения КПД котлов и снижения потерь в тепловых сетях.

Так имеются - 103 мазутные котельные, всего котлов - 451, в том числе мощностью: до 0,5 Мвт-80 шт; 0,5-1 Мвт-151 шт; 1-2,5 Мвт- 82шт; более 2,5 Мвт- 138 шт. 198 угольных котельных, всего котлов- 783, в том числе мощностью: до 0,5 Мвт- -461 шт; от 0,5-1Мвт-227шт; от 1-2,5 Мвт- 25шт; более 2,5 Мвт- 70 шт.

1. Chipping of unclaimed wood, forest and woodworking residues as well as bark from the dumps with a storage life of no more than 5 years.

2. Delivery of chips, sawdust, bark, lump and milled peat to boilerhouses with special trucks having tipping bodies of the volumes 30–100 m³.

3. Manufacture in the Leningrad Region and delivery of the following modern equipment:

   ➢ for automated feeding of different wet biofuel mixtures (chips, sawdust, bark, peat) from a fuel storeroom of a boilerhouse to primary furnaces of boilers.

   ➢ for universal primary furnaces and furnaces for burning of the local wet biofuel grades and their mixtures both in the existing and in newly installed boilers of no less than 85% efficiency.

4. The lack of necessary amounts of special–purpose investments for organizing large–scale conversion of boilerhouses to biofuel and introduction of energy–saving processes.

The conversion of boilerhouses to biofuel burning could yield an annual economic effect of more than 700 million rubles due to difference in fuel prices, increased boiler efficiency and reduced losses in heating systems.

For example, there are 103 fuel oil boilerhouses where 451 boilers are installed including 80 boilers of the capacity less than 0.5 MW, 151 boilers of the capacity in the range of 0.5 to 1 MW, 82 – in the range of 1 to 2.5 MW, and 138 boilers of the capacity more than 2.5 MW. There exist also 198 coal boilerhouses with 783 boilers including 461 boilers of the capacity less than 0.5 MW, 227 boilers of the capacity in the range of 0.5 to 1 MW, 25 boilers – in the range of 1 – 2.5 MW, and 70 boilers of the capacity of more than 2.5 MW.

Устойчивое развитие и использование
биотоплива – путь к реализации Киотского протокола и
повышению комплексности использования древесины и торфа

Sustainable development and biofuel use as a way towards
the Kyoto protocol implementation and enhanced complex
utilization of wood raw material and peat

Средний расчетный срок окупаемости, при одновременном ежегодном переводе (по мощности 50% мазутных и 50% угольных) котельных на биотопливо -2,2 года. Одновременно это позволит получить и ряд дополнительных положительных факторов в целом по области:

1. Улучшение экологической обстановки, за счет использования в котельных вместо привозных топлив (мазута и угля), местного биотоплива.

2. Комплектации котельных унифицированным оборудованием, изготовленным на основе новейших российских и зарубежных разработок на предприятиях области.

3. Снижение тарифов на отпускаемую населению теплоэнергию в 1,7-1,9 раза, после возврата инвестиций и истечения сроков окупаемости, за счет уменьшения топливных затрат на производство теплоэнергии, а также снижения потерь в тепловых сетях.

4. Создание в Ленинградской области новых рабочих мест по:

   ➢ переоборудованию автотранспортных средств для перевозки биотоплива;

   ➢ сбору и вывозке древесных отходов, заготовке неделовой древесины и переработке их в щепу, заготовке торфа, доставке биотоплива до котельных;

   ➢ изготовлению оборудования, запасных частей, строительных конструкций.

   ➢ для перевода котельных на сжигание биотоплива и реконструкцию тепловых сетей;

   ➢ по проектированию, монтажу и наладке перевода котельных на сжигание биотоплива, с одновременной реализацией энергосберегающих мероприятий.

Для ускорения реализации задач по использованию биотоплива в Ленинградской области было бы полезным создание инвестиционно-промышленной компании, с совместным российским и иностранным капиталом. Это позволило бы аккумулировать в рамках этой компании солидные финансовые, материальные и организационные возможности, обеспечить возврат и "револьверное" использование инвестиционных средств.

When converting the boilerhouses to biofuel burning simultaneously and every year (as to their capacity – 50% of fuel oil boilerhouses and 50% of coal ones), the average period of recoupment is estimated to be 2.2 years. This would result in a number of complementary positive factors in the whole Region:

1. Better environmental situation.

2. Delivery of unified equipment to boilerhouses made by Regional enterprises on the basis of up–to–date Russian and foreign developments.

3. Reduction in thermal power rates by factors of 1.7–1.9 after return of investment and expiration of a period of recoupment owing to reduced fuel consumption for thermal power generation as well as lesser losses in heating systems.

4. Creation of new jobs in the Leningrad Region in connection with:

   ➢ re–equipment of vehicles for biofuel transportation;

   ➢ collection and removal of wood residue, unmerchantable wood cutting and chipping, peat extraction, biofuel delivery to boiler-houses;

   ➢ manufacture of equipment, spares, constructions;

   ➢ conversion of boilerhouses to biofuel burning and reconstruction of heating systems;

   ➢ designing, mounting and adjustment of equipment in the boilerhouses converted to biofuel burning and simultaneous implementation energy–saving measures.

To meet the Regional targets of biofuel use more rapidly, it would be advisable to set up an investment–industrial joint venture. This would allow accumulation of large financial, material and organizing potential within the frameworks of this company as well as guaranteeing investment return and "revolving" use.

Устойчивое развитие и использование
биотоплива – путь к реализации Киотского протокола и
повышению комплексности использования древесины и торфа

Sustainable development and biofuel use as a way towards
the Kyoto protocol implementation and enhanced complex
utilization of wood raw material and peat

До истечения сроков окупаемости реконструкции котельных, возврат вложенных инвестиционных средств будет производится за счет:

➢ разницы цен на приобретение топлива до и после реконструкции;

➢ средств получаемых от потребителей теплоэнергии. Разница между себестоимостью отпуска теплоэнергии до и после реконструкции эта часть выручки направляется на возврат или "револьверное" использование инвестиций.

В заключении, выражаю уверенность, что в докладах найдут отражение все аспекты решения данной проблемы. Выражаю уверенность, что международная научно-практическая конференция на тему «Устойчивое развитие и использование биотоплива - путь к реализации киотского протокола и повышения комплексности использования древесины и торфа» станет заметной вехой в переводе теплопроизводящих предприятий на местные виды топлива не только Ленинградской области, но и Северо-Запада России. позволит сформировать стратегические пути энергосбережения в регионах, будет способствовать подъему и динамичному развитию коммунальной энергетики, а - населению иметь посильные для семейных бюджетов тарифы на тепловую энергию. Положит начало создания международной кооперацию и интеграции в этой сфере, позволит в перспективе существенно уменьшить вредных выбросы в атмосферу, создать благоприятные экологические условия в регионе и внесет свой вклад в оздоровление экологии в мире.

Prior to the expiration of the period of recoupment of the boilerhouse reconstruction, the investment will be returned at the cost of:

➢ difference in prices for fuel purchasing before and after the reconstruction;

➢ the monetary resources obtained from heat energy consumers. The part of receipts due to differences in the cost of heat energy supply before and after the reconstruction is directed to investment return or "revolving" use.

In conclusion, I want to express my firm belief that all aspects of this problem will be reflected in the reports that follow. I am fully confident that this International Conference on Sustainable Development and Biofuel Use as a Way towards Implementation of the Kyoto Protocol and Enhanced Complex Utilization of Wood Raw Material and Fuel Peat will become a milestone in the conversion of heat generating enterprises to local fuels not only in the Leningrad Region but in Russia's North–West as well. It will allow the development of an energysaving strategy in the regions, will contribute to progress and dynamic development of the municipal power industry and to the establishment of the heat energy tariffs, which will be feasible for domestic budgets of population. The conference will initiate the creation of international cooperation and integration in this field, permit a significant decrease in harmful atmospheric emissions, in the creation of favourable environmental conditions in the Region and will contribute to improved ecological environment in the world.

Устойчивое развитие и использование
биотоплива – путь к реализации Киотского протокола и
повышению комплексности использования древесины и торфа

Sustainable development and biofuel use as a way towards
the Kyoto protocol implementation and enhanced complex
utilization of wood raw material and peat

М.А. Дедов

Председатель Комитета по ЛПК правительства
Ленинградской области

**Аспекты утилизации древесных отходов в решении
вопросов комплексного использования лесных
ресурсов в Ленинградской области**

Уважаемые дамы и господа!

Позвольте выразить признательность инициаторам и
организаторам конференции за предоставленную
возможность участвовать в этом мероприятии,
которое явится важной вехой в процессе организации
комплексного использования древесины и торфа.

В первой части своего выступления я хотел бы очень
кратко остановиться на характеристике лесного
комплекса Ленинградской области в целом.

На территории области функционирует около 200
крупных и средних лесозаготовительных и
деревообрабатывающих предприятий, в том числе
предприятия по химико-механической переработке
древесины. Наибольшее количество предприятий
занято в сфере лесозаготовки. Как правило это
небольшие (до 100 человек) по численности
структуры, осуществляющие сезонные
лесозаготовительные работы. После распада
лесозаготовительной отрасли, которая наиболее
активно происходила в начале 90-х годов, в области
появилось много мелких заготовительных структур,
бригад, которые формировались по территориальному
признаку и не оказывали какого либо серьезного
влияния на экономику области. С течением времени и
особенно после того как была узаконена передача
участков лесного фонда в долгосрочную аренду, в
области стали создаваться более крупные, технически
оснащенные структуры, работающие на постоянной
основе и осуществляющие не только сезонную
заготовку, но и ведущие весь комплекс работ по
лесовосстановлению, строительству технологических
и лесохозяйственных дорог, осуществляющие
транспортные перевозки и все более чаще
перерабатывающие заготовленную древесину.

M.A. Dedov

Chairman, Committee for Forest-Industrial
Complex of the Government of the Leningrad
Region

**Some aspects of wood residue utilization while
solving the problems of complex use of forest
resources in the Leningrad Region**

Dear Ladies and Gentlemen!

Allow me to express my thanks to the sponsors and
organizers of the Conference for the opportunity to
take part in this event, which will be an important
milestone in the process of implementation of the
comprehensive use of wood and peat.

In the first part of my paper I would like to dwell
very briefly on characterisation of the Forestry
Complex of the Leningrad Region.

There are about 200 large- and middle-size logging
and woodworking enterprises on the territory of the
Leningrad Region including those for chemico-
mechanical processing of wood. The majority of
them are dealing with logging. These are as a rule
small structures (as to the number of staff) which
perform seasonal logging works. Upon
disintegration of the logging industry that was going
on most actively in the nineties, many small logging
structures and teams have appeared in the Region.
They have been formed on a territorial basis and
have affected the regional economy in no way. Over
time, and especially once a long lease of forest
blocks has been legitimated, larger structures
equipped with machinery and appliances were
coming into being. They were working on a firm
basis and making not only periodic harvesting but
also a whole complex of works in connection with
reforestation, construction of haulage and hay roads
as well as transporting timber and more frequently
processing the harvested wood.

Устойчивое развитие и использование
биотоплива – путь к реализации Киотского протокола и
повышению комплексности использования древесины и торфа

Sustainable development and biofuel use as a way towards
the Kyoto protocol implementation and enhanced complex
utilization of wood raw material and peat

Уже в 1999 году на территории области было заготовлено древесины более чем 1990 году. Объем заготовки составил 6 млн.730 тыс. куб.метров. Вместе с тем, следует отметить, что резервы имеются, так как допустимый по лесоводственным нормам ежегодный объем пользования составляет 12.3 млн. куб. метров.

Достаточно интенсивно в нашей области развивается механическая переработка древесины. На предприятиях в течение 2000 года переработано свыше 600 тысяч куб.метров пиловочника. Кроме того на мелких, индивидуальных, сельских пилорамах по приблизительным оценкам в истекшем году также переработано около 200 тысяч куб.метров пиловочника. При этом произведенная на этих предприятиях продукция страдает низким качеством.

Наиболее динамично развивается целлюлозно-бумажная промышленность. Она представленна десятью предприятиями различной мощности и различным ассортиментом выпускаемой продукции, и является ведущей отраслью в лесопромышленном комплексе не только Ленинградской области, но и всей России.

Доля Ленинградской области в производстве целлюлозы от всего объема, произведенного в России в 2000 году, составляет 9%, в производстве бумаги и картона – 10,3%.

Доминирующее положение в отрасли продолжает занимать одно из крупнейших целлюлозно-бумажных предприятий России - ОАО "Светогорск", производящее 76% целлюлозы, 60% бумаги и 23% картона Ленинградской области.

На крупнейшем предприятии Северо-Запада по производству картона - ОАО "Санкт-Петербургский картонно-полиграфический комбинат» достигнут значительный рост объемов производства – на уровне 60 %. Растут объемы производства на ОАО "Сясьский ЦБК"и «Выборгской целлюлозе ОАО «БФ Коммунар» увеличило выпуск бумаги на 65% в сравнении с 1999 годом. На ЗАО «Асси Доман Пакинджинг» в 2,3 раза возрос выпуск картона.

Согласно имеющимся данным производство целлюлозы предприятиями Ленинградской области выросло с 1998 по 2000 год на 71,1%, бумаги - на 51,5%, картона - в 2,5 раза. На трех предприятиях перерабатывается балансовая древесина с общим объемом потребления свыше 2 млн. куб. метров.

In 1999 alone, the felling volume on the territory of the Region was as much as 6 million 730 thousand cubic meters, which is more than in 1990. At the same time, it should be noted that certain reserves are available because an annual felling that is allowable according to the forestry regulations in force is equal to 12.3 million cubic meters.

The mechanical processing of wood is progressing rather intensively in the Region. During the year 2000 regional enterprises have processed more than 600 thousand cubic meters of sawlog. Besides private small-sized rural stock gangs were estimated to process about 200 thousand cubic meters of sawlog in the last year. However, the products these enterprises manufactured were of poor quality.

The Pulp and Paper Industry exhibits the most dynamic development. It is represented by ten mills of varying capacity which manufacture different ranges of products. The Pulp and Paper Industry is the leading industry of the Forest-Industrial Complex not only in the Leningrad Region but also in Russia.

In 2000 the contribution of pulp output of the Leningrad Region to the whole output of pulp in Russia was 9% and as to a share of regional output of paper and board, it was 10.3%.

One of the largest pulp and paper mills in Russia, the OAO Svetogorsk Mill, continues to be a leader of the industry. Its share in regional pulp, paper and board output comprises respectively 76%, 60% and 23%.

The significant growth in output at the level of 60% was achieved at the Saint Petersburg Board and Polygraphic Mill, the largest in the North-Western Region board mill. Output of products at the OAO Syassky Pulp and Paper Mill and the Vyborgskaya Cellulose Mill continues to grow. The ZAO Assi Doman Packaging increased 2.3 times its output of board.

According to the available data, in a period from 1998 till 2000 there was a growth in output of pulp by 71.1%, paper by 51.5% and board 2.5 times at enterprises of the Leningrad Region. Three enterprises in the Region process pulpwood. Their total capacity is above 2 million cubic meters.

Устойчивое развитие и использование
биотоплива – путь к реализации Киотского протокола и
повышению комплексности использования древесины и торфа

Sustainable development and biofuel use as a way towards
the Kyoto protocol implementation and enhanced complex
utilization of wood raw material and peat

В целом лесопромышленные предприятия Ленинградской области, согласно статистическим данным за 2000 год, по объему производства занимают второе место, уступая только топливной промышленности, и произвели продукции на 12,7 млрд. руб., что составляет 23% от общего объема промышленного производства в Ленинградской области (в денежном выражении). По темпам прироста объема производства (12,4% в 2000 году в сравнении с 1999 годом) ЛПК так же занимает второе место, уступив пищевой промышленности, рост которой связан с вводом новых предприятий. Основной прирост производства продукции в лесопромышленном комплексе обеспечили крупные и средние предприятия, на которых он составил 23,2%.

Темпы роста объемов производства в текущем году по сравнению с аналогичным периодом прошлого года также лежат в пределах 23%.

Несмотря на в общем-то радужную картину, нельзя не сказать о той сложной экономической ситуации, которая к концу прошлого года сложилась на лесозаготовительных и деревообрабатывающих предприятиях. Совокупность неблагоприятных факторов:

➢ повышение железнодорожных тарифов;

➢ увеличение стоимости электроэнергии и горюче-смазочных материалов;

➢ взвинченная федеральными службами в нашей области плата за древесину на корню (попенная плата);

➢ очень плохое соотношение ЕВРО-Доллар;

➢ таможенные пошлины и т.д.

привели значительную группу предприятий к предкризисному состоянию.

Меры предпринимаемые менеджментом предприятий в первую очередь направлены на сокращение себестоимости продукции и без сомнения на полное, 100% использование и реализацию не только всей готовой продукции, но также и отходов производства. Находясь в жестких условиях рыночных отношений нужно не только думать и говорить о комплексном использовании лесных ресурсов, но и на деле комплексно их использовать.

According to 2000 statistics, enterprises of the regional Forest-Industrial Complex occupy the second place as to their total output of products ranking only below the Fuel Industry. They manufactured the products to the amount of 12.7 billion rubles, which is equal to 23% of the total industrial output of the Leningrad Region (in terms of value). The Forest-Industrial Complex occupies also the second place as to growth rates of volume of production (12.4% in 2000 compared to 1999) ranking below the Food Industry whose growth was due to putting into operation new enterprises. Large- and middle-size enterprises provided the prevailing share of the output growth where it was as high as 23.2%.

In the current year the growth rates of volume of production are also within 23% as compared to a similar period last year.

Despite this optimistic picture on the whole, one cannot but say about the intricate economic situation arisen by the end of the last year at logging and woodworking enterprises. The whole complex of unfavourable factors such as:

➢ increased railway tariffs;

➢ increased cost of electric power, combustible materials and lubricants;

➢ stumpage excited in the Region by federal services;

➢ very bad Euro/Dollar relationship;

➢ customs duties, etc;.

caused the fact that a large group of enterprises was brought into a pre-crisis.

The measures taken by management of the enterprise are primarily directed towards reduction in product cost and undoubtedly towards complete 100% use and sale of not only finished products but also industrial waste. In strict market economy conditions, it is not enough to talk about comprehensive use of forest resources, one must also act.

Устойчивое развитие и использование
биотоплива – путь к реализации Киотского протокола и
повышению комплексности использования древесины и торфа

Sustainable development and biofuel use as a way towards
the Kyoto protocol implementation and enhanced complex
utilization of wood raw material and peat

Оперируя понятием комплексное использование лесных ресурсов и затрагивая лишь один из его аспектов – утилизация древесных отходов нужно отдавать себе отчет в том, что энергетический комплекс России является неотъемлемой частью мирового энергетического рынка.

Россия занимает одно из ведущих мест в мире по экспорту нефти и нефтепродуктов, а также первое место в мире по межгосударственной торговле сетевым природным газом. В целом перспективная мировая энергетическая ситуация дает основание прогнозировать как минимум сохранение или, скорее всего, повышение уровня экспортного спроса на российские энергоресурсы, с учетом выхода России на энергетические рынки Атлантическо-Тихоокеанского Региона. Основными видами экспортируемых энергоносителей на всю рассматриваемую перспективу останутся нефть и природный газ. Мировой энергетический рынок, скорее всего, будет развиваться в направлении, при котором объем спроса на российские энергоносители будет увеличиваться.

В соответствии со «Стратегией развития ТЭК» Центра Стратегических разработок, в целях диверсификации структуры топливно-энергетического баланса, обеспечения безопасности и устойчивости энергоснабжения необходимо ликвидировать диспропорции между ценами на различные энергоносители и привести их в соответствие с потребительским эффектом от их использования (включая экологические требования). Соотношение уголь-газ-мазут на внутреннем рынке страны в настоящее время в пересчете на условное топливо – 1:0.6:1.5. В период 2000-2006 годов соотношение целесообразно довести до 1-1.2-1.5, а в последствии: 1-1.6-1.7. Это означает одно дальнейший рост цен на энергию, топливо, ГСМ. И как следствие повышение на предприятиях собственных производственных затрат и затрат на приобретаемые услуги, в первую очередь, транспортные.

Я уделил времени ситуации с ископаемыми энергоносителями потому, что хочу обратить ваше внимание на имеющуюся альтернативу. Эта альтернатива – местные восстанавливаемые топлива – древесина и торф.

While operating with the concept of complex use of forest resources and touching upon only one of its aspects such as utilization of wood residue, one must be aware that Russia's Power Complex is an integral part of the global power market.

Russia occupies one of the leading positions in the world in exports of petroleum and petroleum products as well as taking the first place in inter-state trade by pipeline natural gas. The promising global energy situation on the whole gives every reason to forecast a maintaining as a minimum or most likely a rise in export demand for Russia's energy resources while taking into account Russia's entering the energy markets of the Atlantic and Pacific Region. Petroleum and natural gas will continue to be the basic exported energy resources. The world energy market will most probably take the path where demand for the Russian energy resources will increase.

In accordance with "The Strategy of Evolution of the Heat-and-Power Complex" drawn up by the Center of Strategic Developments, for diversification of a structure of heat-and-power balance and provision of a high degree of safety and stability in power supply, it is necessary to remove the disproportion between prices for different energy resources and to bring them into agreement with a consumer effect due to their use (including environmental requirements). Presently the "coal – gas – fuel oil" relationship is 1:0.6:1.5 (on a fuel equivalent basis) on the domestic market. It is advisable to bring this relationship to 1:1.2:1.5 in a period from 2000 till 2006 and then – to 1:1.6:1.7. This means that further growth in prices for energy, fuel, combustible materials and lubricants and as a result rise in production costs at an enterprise and in costs for the purchased services such as transportation will first of all take place.

I paid much attention to the situation in connection with such energy resources as fossil fuel because I would like to draw your attention to the available alternative. This alternative is local renewable fuel such as wood and peat.

Устойчивое развитие и использование
биотоплива – путь к реализации Киотского протокола и
повышению комплексности использования древесины и торфа

Sustainable development and biofuel use as a way towards
the Kyoto protocol implementation and enhanced complex
utilization of wood raw material and peat

Поскольку я представляю ЛПК, буду говорить о древесине. Как упоминалось ранее в Ленинградской области ежегодная расчетная лесосека составляет примерно 12,3 миллиона кубометров. Из этого объема расчетная лесосека по осине, которая практически не находит сбыта, составляет более 500 тысяч кубометров в год. В связи с отсутствием спроса на осиновое сырье в Российской Федерации и, в частности, в Ленинградской области, оно остается невостребованным и ее обязательная заготовка на сегодняшний день приносит убытки. Потребление Сясьским ЦБК 42 тысяч кубометров осинового сырья в год и незначительное потребление ее населением в качестве дров общей картины не меняют.

Наряду с указанным объемом осинового сырья, область располагает 10 миллионами кубометров серой и черной ольхи, т.е. не менее 400 тысячами кубометров в год, около 1.1 миллиона кубометров низкосортной древесины от заготовок березы и хвойных пород, от рубок ухода и разбора горельников и ветровалов, а также при расчетной лесосеке в 12.3 миллиона кубометров в год - не менее 4 миллионами кубометров кроны, коры и древесины пней и корней. При указанном ранее объеме лесопиления отходы составляют не менее 300 тысяч кубометров. Сюда не входят объемы древесины от рубок ухода в молодняках, а также древесина с полос отчуждения дорог, линий электропередач, газопроводов. Сюда также не входят объемы периодически неликвидной древесины, т.е. той, которая заготавливается в целях экспорта, но не востребована зарубежными рынками.

Таким образом, потенциальный суммарный годовой объем древесных отходов и низколиквидной и неликвидной древесины, которым располагает Ленинградская область, составляет около 6 миллионов кубометров в год.

Однако следует иметь в виду, что реально доступный для использования объем древесных отходов, низколиквидной древесины и неликвидной древесины меньше, поскольку расчетная лесосека осваивается не полностью, около 250 тысяч кубометров коры с перерабатываемого сырья имеют возможность утилизировать сами ЦБК, определенный объем коры уходит с древесиной на экспорт, часть лесорубочных остатков невозможно вывезти с делянок из-за отсутствия требуемых машин и механизмов, какие-то объемы лесорубочных остатков вообще нельзя

Because I am a representative of the Forest Industrial Complex I'll talk about wood. As mentioned above, an annual cut in the Leningrad Region is as much as 12.3 million cubic meters. More than 500 thousand cubic meters of this volume fall on aspen which finds little or no sale. Because of the lack of demand for aspen raw material in the Russian Federation and in the Leningrad Region in particular, it remains unclaimed and compulsory logging of aspen yields losses to date. Consumption of 42 thousand cubic meters of aspen raw material per year by the Syassky Pulp and Paper Mill and its minor consumption as firewood by population do not change the general picture.

Along with the volume of aspen raw material mentioned above, the Region has 10 million cubic meters of speckled and black alder, *i.e.* no less than 400 thousand cubic meters a year, about 1.1 million cubic meters of low-grade wood as resulted from birch and coniferous tree harvesting, from cleaning cuttings and sorting out of scorched forests and windblown trees as well as no less than 4 million cubic meters of crown, bark and wood of stumps and roots, considering that annual cut is 12.3 million cubic meters. While having the volume of lumbering indicated above, lumber waste is as much as 300 thousand cubic meters. This figure does not include the volume of wood of young growth tending as well as wood from leave strips near roads, power lines, gas pipelines. Volumes of periodically unmarketable wood which was harvested for export but unclaimed by foreign markets is not incorporated into this figure either.

Thus, the total annual volume of wood residue and low-liquid and non-liquid wood that the Leningrad Region could have at its disposal approximates 6 million cubic meters.

However, it is well to bear in mind that the volume of wood residue, low-liquid and non-liquid wood that could be available is more limited because the annual cut is not fully mastered. About 250 thousand cubic meters of bark from the raw material to be processed can be utilized by the mills themselves, a certain volume of bark is exported together with wood. There is no way to transport a portion of felling waste from logging blocks because of the lack of machines and mechanisms required and certain volumes of felling waste

*Устойчивое развитие и использование
биотоплива – путь к реализации Киотского протокола и
повышение комплексности использования древесины и торфа*

*Sustainable development and biofuel use as a way towards
the Kyoto protocol implementation and enhanced complex
utilization of wood raw material and peat*

вывозить с делянок по лесохозяйственным соображениям, поскольку лес себя удобряет сам.

Потребитель осины – Сясьский ЦБК я уже упоминал – это 42 тысячи кубометров осины в год. В перспективе намечаются к пуску уже построенные мощности - завод по производству плит МДФ ОАО «Лесплитинвест» (потребление до400 тысяч м3 в год), завод по производству древесно-стружечных плит ЗАО «Рассвет» (потребление до 210 тысяч м3 осины в год), а также рассматриваются возможности строительства новых мощностей – завода по производству беленой целлюлозы на ОАО «Светогорск» (потребление 450 тыс. м3 осины в год). Если эти производства будут построены и выйдут на планируемую мощность, невостребованный объем древесины будет сокращен, но, тем не менее, невостребован полностью и в случае надлежащего финансирования рубок ухода в средневозрастных и приспевающих лесах в целях получения максимального экономического и экологического эффекта при рубках главного пользования, объем невостребованной древесины может значительно увеличиться и проблема комплексного использования этого сырья останется. Кстати, в Швеции реализация низкотоварной древесины от рубок ухода на котельные является источником финансирования рубок ухода.

Древесина относится к низкокалорийным видам топлива. Эффективное теплосодержание древесины естественной влажности – 8.5 ГДж/т или 2.4 МВтч/т. Однако если все-таки взять 6 миллионов кубометров, то это 4,800 000 тонн древесины естественной влажности. Такого количества древесины достаточно для обеспечения топливом котельной с процессом прямого сжигания мощностью 1315 МВт. 4800 000 тонн древесины – это примерно 1,5 млн. тонн угля или 1 млн тонн мазута. Я хочу подчеркнуть, что это потенциальные возможности.

Перспективы использования древесных отходов в коммунальной и промышленной теплоэнергетике Ленинградской области очень большие. Реализация программы их рационального использования обуславливается рядом факторов. В экологии – это снижение выбросов парниковых газов и механических частиц, решение проблемы утилизации древесных отходов. В экономике, социальной сфере это уменьшение бюджетных ассигнований на приобретение традиционных энергоносителей, сохранение бюджетных средств в пределах области,

cannot be removed at all from the logging blocks for forestry reasons as every forest is fertilized by itself.

The Syassky Pulp and Paper Mill, a consumer of aspen wood, uses 42 thousand cubic meters of aspen raw material a year. Two mills which have just been constructed are scheduled for putting into operation. They are as follows: OAO Lesplitinvest, a medium-density fiberboard mill (raw material consumption up to 400 thousand m^3 a year); ZAO Rassvet, a particle board mill (raw material consumption – 450 thousand m^3 of aspen wood a year). If these mills reach a design output, the unclaimed volume of wood will be reduced but not, however, in full measure. In the case of proper financing of cleaning cuttings in middle-aged and ripening stands for reaching maximum economic and environmental effects while performing principal felling operations, the unclaimed volume of wood can rise significantly and the problem of the complex use of raw material will remain. It should be noted that in Sweden the use of low-grade wood of cleaning cutting in boiler-houses is a source for financing these cuttings.

Wood is a low-calorie fuel. Effective heat content of wood of natural moisture is 8.5 GJ/t or 2.4 MWh/t. If we have 6 million cubic meters of wood this is equal to 4,800,000 tons of wood of natural moisture. This amount of wood is sufficient for a boilerhouse of capacity 1315 MW with a direct burning process to be provided with fuel. This amount of wood is approximately the equivalent of 1.5 million tons of coal or 1 million tons of fuel oil. I want to emphasize that this is a potential.

Prospects for the use of wood residue in the heat-and-power industry of the Leningrad Region are very high. Realization of a programme for their sound use is determined by a number of factors. As to ecology, here this means reducing greenhouse gas and particulate emissions, solution of the problem of wood residue utilization. In the economic and social sectors, this suggests the following: decreased financial appropriations for purchasing traditional energy carriers, maintenance of budgetary funds within the Region, higher

Устойчивое развитие и использование
биотоплива – путь к реализации Киотского протокола и
повышению комплексности использования древесины и торфа

Sustainable development and biofuel use as a way towards
the Kyoto protocol implementation and enhanced complex
utilization of wood raw material and peat

повышение уровня занятости, создание новых рабочих мест и увеличение покупательной способности населения, возможности освоения выпуска новых видов продукции в машиностроении, расширение имеющихся и строительство новых производств, таких как парниковые хозяйства и сушильные хозяйства на лесопильных предприятиях, повышением экспортного потенциал ЛПК, создание условий для исключения сезонности работ в лесу, повышению продуктивности и качества лесов, повышению рентабельности лесохозяйственной и лесопромышленной деятельности, созданию объектов производства электроэнергии в местах, удобных для размещения производственных мощностей, ослабление зависимости от спроса на внешнем рынке определенных видов лесопродукции.

Древесное топливо вовсе не является конкурентом традиционных энергоносителей, например угля. Если механизм Киотского протокола будет введен в действие, будет введена система торговли квотами. В этом случае для развития большой российской энергетики, основанной на угле, придется покупать квоты. Вместе с тем российская малая энергетика, основанная на древесных отходах, может оказать значительную помощь в этом вопросе. Не случайно в связи с Киотским протоколом существует понятие «совместная реализация»,то есть когда развитая страна хочет заработать для себя квоты, она может осуществлять энергетические экологически чистые проекты в других странах и квоты, вырабатываемые объектами, постороженными в ходе реализации этих проектов, эта страна берет себе. Этот механизм пока не отработан, но иметь его в виду надо.

Есть ли примеры широкого использования древесных отходов в коммунальном хозяйстве и промышленности? Да. Это Швеция – несомненный лидер в использовании биотоплива. Шведская энергетическая и экологическая политика направлена на создание условий для эффективного использования энергии, удешевление ее себестоимости при одновременном сокращении неблагоприятных воздействий на окружающую среду. В 1997 году в Швеции началось осуществление комплексной программы в области энергетической политики, которая ориентирована на развитие технологий на основе биотоплива. Еще в 1991 году в стране часть обычных налогов была заменена налогом на выбросы двуокиси углерода, а за соответствующие виды топлива был введен налог «за выброс серы». Несколько позднее был введен налог на выброс окисей азота.

employment level, creation of new jobs and increase in buying power of population, higher potential for mastering of new products in the machine industry, expansion of existing enterprises and construction of new ones such as greenhouse and drying systems at sawmills, rise in an export potential of the Forest-Industrial Complex, creation of the conditions which would allow to eliminate seasonal work in forests, higher productivity and quality of forests, creation of facilities for electric power generation at the sites which are suitable for location of production capacities, weaker dependence of a demand level on the foreign market of certain forest-based products.

Wood fuel is not a competitor to such traditional energy sources as for example coal. If the Kyoto Protocol mechanism is put into effect a system of trade in quotas will be introduced. In this case development of the large Russia's coal-based power industry will require buying quotas and the small power industry based on wood residue will be able to help significantly in this matter. It is no coincidence that a concept of "concerted implementation" exists in connection with the Kyoto Protocol, that is, when a developed country wishes to earn the quotas it can carry out environmentally safe energy projects in other countries and it takes the quotas caused by operation of the installations built in the course of implementation of these projects. This mechanism is not yet worked through but it should be kept in mind.

Are there any examples of wide use of wood residue in municipal facilities and in industry? Yes, there are. This is Sweden which is undoubtedly a leader in the use of biofuel. The Swedish energy and environmental policy is directed towards creation of conditions for the efficient use of energy, reduction in its cost along with decrease in unfavorable environmental impacts. In 1997 in Sweden a complex energy program has been initiated. It was oriented to development of processes based on biofuel. As early as 1991, a part of usual taxes has been changed in the country by a tax on carbon dioxide emissions and, for the use of certain fuels, a tax on sulphur emissions has also been imposed. More recently, a tax on emissions of nitrogen oxides has also been imposed.

*Устойчивое развитие и использование
биотоплива – путь к реализации Киотского протокола и
повышению комплексности использования древесины и торфа*

*Sustainable development and biofuel use as a way towards
the Kyoto protocol implementation and enhanced complex
utilization of wood raw material and peat*

В настоящее время в Швеции 70% тепловой энергии вырабатывается теплостанциями на древесных отходах. В населенном пункте Норрчёпинг работает котельная мощностью 375 мегаватт, их которых 250 вырабатывается из древесного топлива, в том числе из строительных и бытовых древесных отходов европейских стран. Это, конечно, очень большое хозяйство. Одновременно на складах этой котельной бывает до 180 тысяч кубометров в виде круглого леса и щепы.

В населенном пункте Йончёпинг работает котельная мощность 80 мегаватт тепловой и 20 мегаватт электрической энергии.

В декабре 2000 года пущена ТЭЦ в городе Эскильстюна мощностью 38.7 мВт электроэнергии и 100 мВт тепловой энергии. Уникальным является электрогенератор, вырабатывающий напряжение 136 киловольт.

В стране сотни котельных, работающих на цепе из лесорубочных остатков, отходов лесопиления, коре, гранулах из древесины.

Что есть в Ленинградской области?

В с помощью СТЕМ поставлены котельные в Лисино-корпусс и Красном Бору Тосненского района. В Тихвине осуществляется голландский проект по установке котельной для ЖКХ, но котельная будет обслуживаться промышленным предприятием. В поселке Петровское Приозерского района осуществляется датский проект по установке котельной. На ряде предприятий ЛПК области также имеются котельные, работающие на древесных отходах (щепе): Рощинский дом, Фиро-О, Норд Тимбэ, Волосовский лесхоз, Лисинский лесхоз-техникум (производственная площадка в городе Тосно). Приобрело котлоагрегат на щепе предприятие Элител лес. Предприятие Делак установило три предтопка иностранного производства к котлам отечественного производства. Концерн «Лемо» ведет работу по реконструкции котельной в пос. Красноозерное Приозерского района и пос. Шпаньково Гатчинского района. Есть и другие объекты, работающие на биотопливе.

Резонный вопрос, что делать? Можно сменить источник энергоресурсов – уголь, нефтепродукты и газ на биотопливо.

Presently 70% of heat energy is being generated in Sweden by thermal power stations which operate with wood residue. There is a boilerhouse of 375 MW power in the settlement of Norrcheping, with 250 Mw being generated on the basis of wood fuel including construction and domestic wood waste of European countries. Of course, this is a very large facility. Up to 180 thousand cubic meters of wood raw material such as round wood and chips can be stores simultaneously at storehouses of this boilerhouse.

The boilerhouse which operates in the settlement of Jonchoping has the capacity 80 MW as to heat energy and 20 MW as to electric energy.

In December 2000 the heat-and-power plant has been put into operation in the town of Eskilstuna. Its total capacity is equal to 137.8 MW including 37.8 MW of electric energy and 100 MW of heat energy. Its electric generator is unique; it generates voltage 136 kV.

There are hundreds of boilerhouses in the country which operate with chips from logging residue and lumber waste as well as with bark and wood pellets.

What is available in the Leningrad Region?

With the assistance of СТЕМ, boilerhouses are installed in Lisino-Corpus and in Krasny Bor of the Tosnensky District. A Dutch project is being carried out in Tikhvin; here a boilerhouse for public utilities is being installed. However, it will be serviced by an industrial enterprise. A number of regional enterprises of the Forest-Industrial Complex also have the boilerhouses, which operate with wood residue (chips). These are the Roschinsky Dom, Firo-O, Nord Timber, the Volosovsky Leskhoz, the Lisinsky Leskhoz-Secondary Technical School (its production site is in the town of Tosno). The Elitel Les enterprise has purchased a boiler unit. The Delak enterprise has installed three primary furnaces of foreign manufacture for home-made boilers. The Lemo Concern is performing the work on reconstructing boilerhouses in the settlement of Kranoozernoe of the Priozersk District and in the settlement of Shpankovo of the Gatchina District. There are other installations operating with biofuel.

There is a reasonable question – What we must do? We can replace the energy sources such as coal, petroleum products and natural gas by biofuel.

*Устойчивое развитие и использование
биотоплива – путь к реализации Киотского протокола и
повышению комплексности использования древесины и торфа*

*Sustainable development and biofuel use as a way towards
the Kyoto protocol implementation and enhanced complex
utilization of wood raw material and peat*

Известно, что путей решения проблем Российской энергетики три: энергосбережение, модернизация и реконструкция имеющихся мощностей и строительство новых мощностей.

Энергосбережение – это вопрос другого семинара.

Остаются модернизация и реконструкция. 27 июня состоится совещание рабочей группы, сформированной из представителей комитетов Правительства Ленинградской области, научных и общественных организаций, которая начнет работу по выработке программы комплексного использования древесины в Ленинградской области. В эту программу предполагается включить и раздел «Получение тепловой и электрической энергии на котельных ЖКХ и промышленных предприятий области». Для модернизации и реконструкции нужны средства.

Частично можно рассчитывать на сэкономленные средства от замены традиционных энергоносителей на щепу. Остальную часть средств надо искать в российских и иностранных банках, экологических фондах, заинтересованных в этой деятельности.

Гарантии инвесторам – стабильная социально-политическая и экономическая обстановка в России и в области в частности, наличие нормативных актов Российской Федерации, и субъектов Российской Федерации защищающих и поощряющих инвестиционную деятельность, в первую очередь, в экологической сфере.

It is known that there are three ways for solving the problems of the Russian Power Industry: power-saving, upgrading and reconstruction of the existing enterprises and construction of new ones.

Power-saving is the subject-matter of another workshop.

As to upgrading and reconstruction, on 27 June the meeting of the Working Group will be held. The Group members are representatives of Committees of the Government of the Leningrad Region, of research and public organizations. The Group will begin to work out a programme for the comprehensive use of wood raw material in the Leningrad Region. The programme will be assumed to contain also the section "Heat and Electric Power Generation at Boilerhouses of Regional Public Utilities and Industrial Enterprises".

Any upgrading and reconstruction requires funds. One can count partly on the funds saved owing to replacing the traditional energy sources by chips. The remainder of funds should be looked for in Russian and foreign banks, environmental foundations interested in this activity.

Guarantees given for investors are as follows: the stable socio-political and economic situation in Russia and in the Leningrad Region in particular, the availability of laws of the Russian Federation and of its subjects, which protect and encourage investment activities especially where the environment is concerned.

Профессор Э.Л. Аким,
Член Консультативного Комитета по бумаге и древесным продуктам Продовольственной и Сельскохозяйственной Организации Объединенных Наций (ФАО ООН).
Санкт-Петербургский государственный технологический университет растительных полимеров

Международные и Региональные Аспекты Использования Биотоплива

Уважаемые коллеги!

За последние месяцы проблемы глобального изменения климата, ратификации и вступления в силу Киотского протокола, использования биотоплива и других возобновляемых источников энергии оказались в центре внимания всего мирового

E. L. Akim
Professor, Head of Department
Saint Petersburg State Technological University of Plant Polymers, Member of the UN FAO Advisory Committee on Paper and Wood Products International and regional aspects of biofuel uses

International and Regional Aspects of Biofuel Uses

Dear Colleagues,

In the last months, the problems of global climate change, of the Kyoto Protocol ratification and coming into force, of the use of biofuel and other renewable energy sources (RES) proved to be the focus of attention of the world community. These

Устойчивое развитие и использование
биотоплива – путь к реализации Киотского протокола и
повышению комплексности использования древесины и торфа

Sustainable development and biofuel use as a way towards
the Kyoto protocol implementation and enhanced complex
utilization of wood raw material and peat

сообщества. Эти вопросы были предметом обсуждения на встречах в Европе президента США Джорджа Буша с руководителями стран Европейского Союза и с президентом России Владимиром Путиным.

В конце апреля 2001 г в Риме состоялось 42 заседание Консультативного комитета по бумаге и древесным продуктам Продовольственной и Сельскохозяйственной Организации ООН (ФАО). Этот Комитет является практически единственной структурой в Организации Объединенных Наций, осуществляющей аналитические функции в области развития мирового лесного комплекса.

Перед заседанием Консультативного Комитета состоялся Международный форум лесных и целлюлозно-бумажных ассоциаций мира.

Одним из основных вопросов на этих заседаниях, наряду с проблемами сертификации в лесном комплексе, были проблемы взаимосвязи глобального изменения климата, лесоводства и лесной продукции и в частности, проблемы биотоплива.

На данной конференции в Санкт-Петербурге у нас есть прекрасная возможность обсудить как международные аспекты проблемы, так и те конкретные шаги, которые делаются в Северо-Западном Федеральном округе по практическому использованию биотоплива.

Европейский Союз принял решение удвоить к 2010 г. использование возобновляемых источников энергии для производства электроэнергии и в три раза увеличить потребление биотоплива. В результате речь идет о столь существенном изменении структуры использования древесины в Западной Европе, что это вызывает серьезное беспокойство ассоциаций, представляющих интересы отраслей индустрии, базирующихся на использовании древесины. В этих условиях именно леса России и, прежде всего, ее Северо-Запада, могут и должны оказаться в центре внимания не только европейской лесной индустрии, но и всей экономики Европы. Тривиальная истина, что в России сосредоточена четверть мировых запасов леса, приобретает новое звучание, и развитие российского лесного комплекса, прежде всего, глубокой механической и химической переработки древесины, становится не национальной, а международной задачей.

problems were the points at issue at the European meetings of George Bush, the President of the U.S.A., with the Heads of EU countries and with Vladimir Putin, the President of the Russian Federation.

Late in April of 2001 in Rome, the 42nd Session of the UN FAO Advisory Committee on Paper and Wood Products (ACPWP) has taken place. This Committee is the only UN structure that fulfils analytical functions in the field of development of the world's Forestry Complex.

The meeting of the International Forum of Forest and Paper Associations was held prior to the ACPWP meeting.

Along with the problems of certification in the Forestry Complex, the problems of interdependencies between global climate change, forestry, forest–based products, and, in particular, biofuel have been among the key points under discussion at these meetings.

At this Conference in Saint Petersburg we have an excellent opportunity to discuss both international aspects of the problem and the specific steps which are being taken in the North–Western Federal Area towards the practical use of biofuel.

The European Union decided to double the use of RES for electric power generation and to treble the use of biofuel by 2010. This can cause significant structural changes in wood uses in West Europe, which give serious concern to forest–based associations. Under these conditions forests of Russia and, first of all, of its North–West can and must be the focus of attention not only of the European Forest Industry but of the whole European economy as well. The trivial truth that Russia possesses almost a fourth of the world's forest reserves takes on a new meaning and development of the Russia's Forestry Complex, especially, of in–depth mechanical and chemical wood processing becomes an international rather than a national target.

Устойчивое развитие и использование
биотоплива – путь к реализации Киотского протокола и
повышению комплексности использования древесины и торфа

Sustainable development and biofuel use as a way towards
the Kyoto protocol implementation and enhanced complex
utilization of wood raw material and peat

Международное сотрудничество по проблеме глобального изменения климата – Киотский Протокол и деятельность ФАО ООН.

Сжигание огромных количеств каменного угля, нефти, газа (т.е. ископаемого топлива) приводит к выбросу в атмосферу огромных количеств так называемых парниковых газов. Эти газы вызывают изменения климата на всей планете, что может привести к необратимым экологическим последствиям. В то же время при производстве энергии из биомассы образующийся при этом углекислый газ не относится к парниковым газам, т.к. биомасса и продукты ее сгорания рассматриваются как часть природного карбонового цикла. Иными словами, биомасса не рассматривается как эмиттер (источник выделения) углекислого газа.

В декабре 1997 г. в Киото был принят Протокол о глобальном изменении климата. В соответствии с этим протоколом подписавшие его страны должны обеспечить снижение по сравнению с уровнем 1990 г. выбросов в атмосферу парниковых газов. Величина снижения для разных стран принята различной. Протокол предусматривает для всех развитых стран на период с 2008 по 2012 гг. понижение выбросов газов, обусловливающих парниковый эффект, в среднем на 5,2% (по сравнению с уровнем 1990 г). Уровень снижения изменяется с 8% - для стран Европейского Союза и большинства стран Центральной и Восточной Европы; до 7% - для США, 6% - для Японии и Канады. В то же время для России, Украины и Новой Зеландии Протокол предусматривает сохранение выбросов на уровне 1990 г, а для некоторых стран, – например, Австралии и Исландии – оговаривает возможность даже увеличения выбросов. В июне 1998 года государства-члены ЕС пришли к соглашению об обременительном долевом принципе для достижения суммарного 8% снижения. Так, для Нидерландов предусматривается снижение на 6%, Германии и Дании на 21%, Бельгии на 7,5%.

Реализация мероприятий по предотвращению глобального изменения климата, ратификация принятого в Киото Протокола, является предметом длительного и многостадийного переговорного процесса на международном уровне. Новая администрация США приняла решение о выходе из Киотского протокола, однако страны Западной Европы заявили, что протокол будет ратифицирован независимо от этого. В июне 2001 г, в период

International cooperation and global climate change – the Kyoto Protocol and UN FAO activities.

Burning of huge amounts of coal, petroleum, natural gas (*i.e.* of fossil fuels) gives rise to atmospheric emissions of large amounts of so–called greenhouse gases (GHG). These gases cause climate change over the whole Planet. The latter can lead to irreversible consequences. At the same time, when generating energy on the basis of biomass burning, the resulting carbon dioxide is irrelevant to GHG as biomass and products of its burning are considered to be a part of the natural carbon cycle. In other words, biomass is not considered to be a carbon dioxide emitter.

In December of 1997 the Protocol on global climate change was signed in Kyoto. According to the Protocol, the signatory countries have to provide reductions in atmospheric GHG emissions as compared to the level of 1990. As far as all industrialized countries are concerned, the Protocol makes provision for them to reduce their GHG emissions by 5.2% on average (as compared to the level of 1990) during 2008–2012. The reduction varies from 8% for the EU Member States and for the majority of Central and East European countries, to 7% – for the U.S.A., 6% – for Japan and Canada. The Protocol simultaneously specifies the emissions to be kept at the level of 1990 in a number of countries such as Russia, the Ukraine, and New Zealand but for some countries (for example, Australia and Iceland) a reservation is even made for potential increase in their GHG emissions. To achieve the total 8% reduction, in June 1998 the UN Member States have come to the agreement based on the principle of shared responsibility. For example, the provision is made for the reduction by 6% for the Netherlands, by 21% – for Germany and Denmark, and by 7.5% – for Belgium.

Carrying out of the measures against global climate change, ratification of the Kyoto Protocol are the subject of protracted multistage talks at the international level. The new US Administration took a decision about leaving the Kyoto Protocol. However, West European countries declared that the Protocol would be ratified without regard to this event. In June 2001, in the course of George Bush's stay in Western Europe, the Kyoto Protocol

Устойчивое развитие и использование
биотоплива – путь к реализации Киотского протокола и
повышению комплексности использования древесины и торфа

Sustainable development and biofuel use as a way towards
the Kyoto protocol implementation and enhanced complex
utilization of wood raw material and peat

пребывания президента США Дж. Буша в Западной Европе, проблемы Киотского протокола явились одним из важнейших аспектов всех проходивших переговоров. На прошедших в середине июня 2001 г. Парламентских слушаниях в Государственной Думе РФ отмечалось, что ратификация Киотского протокола является важнейшей общемировой задачей, однако при этом двери для последующего присоединения к нему США должны оставаться открытыми.

Мировые леса – важнейший фактор предотвращения глобального изменения климата, так как именно в них поглощается основная часть углекислоты. Поэтому эти вопросы были предметом обсуждения на заседаниях Консультативного Комитета ФАО ООН по бумаге и древесным продуктам (Сан-Паоло, Бразилия, апрель 1999 г, Роторуа, Новая Зеландия, апрель 2000 г, Рим, апрель 2001 г.). На этих заседаниях рассматривался ряд аспектов, непосредственно связанных с реализацией Киотского Протокола в лесном комплексе и, в частности, в целлюлозно-бумажной промышленности.

Европейская конфедерация производителей бумаги (CEPI) выпустила специальный экологический отчет по применению Киотского протокола в целлюлозно-бумажной промышленности Европы и в 2000 году CEPI организовала издание брошюры "Решение проблемы глобального изменения климата". В этой брошюре, посвященной вопросам изменения климата, Американская, Канадская, Европейская, Японская и Новозеландская ассоциации бумажной промышленности изложили свои взгляды и представили основную информацию.

Целлюлозно-бумажная промышленность является энергоемкой отраслью, одновременно обладающей высоким энергетическим кпд. Энергия может составлять до 25% заводской себестоимости. Это всегда было главным стимулом и постоянной движущей силой повышения эффективности использования энергии. За период с 1990 по 1999 годы на 17% снизились удельные выбросы CO_2, обусловленные процессами производства целлюлозы и бумаги.

Одним из важнейших факторов энергосбережения является процесс ко-генерации (совместной генерации электрической и тепловой энергии). Так, например, в 1999 году эксплуатируемые на целлюлозно-бумажных заводах установки ко-генерации производили около одной трети всей электроэнергии, требуемой для производства бумаги. Повышение доли

challenges were among the most important aspects of the talks. It was noticed in the course of Parliament's hearings at the State Duma in mid–June of 2001 that the Kyoto Protocol ratification was the most important global target. However, doors should be open for possible USA adherence to this process.

World forests play a key role in preventing global climate change as it is they which absorb the main portion of carbon dioxide. That is why these issues were discussed at sessions of the UN FAO Advisory Committee on Paper and Wood Products (Sao Paulo, Brazil, April 1999, Rotorua, New Zealand, April 2000, Rome, April 2001). At the sessions a number of aspects was considered which have a direct bearing on the Kyoto Protocol implementation in the Forestry Complex and in the Pulp and Paper Industry, in particular.

The Confederation of European Paper Industries (CEPI) issued a special Environmental Report devoted to Kyoto Protocol implementation in the pulp and paper sector. In 2000 CEPI coordinated a joint brochure on climate change entitled "Meeting the Challenge of Global Climate Change" in which the American, Canadian, European, Japanese and New Zealand paper associations set out their views and messages.

The Pulp and Paper Industry is an energy–intensive and, simultaneously, energy–efficient industry. The weight of energy in its cost structure can be as high as 25% of the manufacturing costs. This was an invariable major incentive and permanent driving force to improve energy efficiency. Between 1990 and 1997 specific CO_2 emissions from the pulp and paper production processes decreased by 17%.

One most important energy–saving factor is the process of heat and power co–generation (CHP). For example, the combined heat and power plants operated by pulp and paper mills produced roughly one third of the total electricity needed for the papermaking process in 1999. CHP technology has

*Устойчивое развитие и использование
биотоплива – путь к реализации Киотского протокола и
повышению комплексности использования древесины и торфа*

*Sustainable development and biofuel use as a way towards
the Kyoto protocol implementation and enhanced complex
utilization of wood raw material and peat*

электроэнергии, производимой на таких установках, технологии на основе включения в производственный цикл ко-генерации позволили сэкономить 35% энергии, которая была бы израсходована для генерации электричества с применением традиционных паровых котлов (по оценкам, экономия составила 9 Мт CO_2, выделяемого при сгорании топлива). Это эквивалентно экономии около 0.25 кг CO_2 на 1 кВт-час электроэнергии.

Вторым важнейшим путем является рост использования биотоплива. Целлюлозно-бумажная отрасль является одним из крупнейших производителей и потребителей энергии, генерируемой за счет эксплуатации возобновляемых источников сырья: почти 50% потребляемой отраслью тепловой энергии базируется на процессах сгорания биотоплива, при этом выбросы от этих процессов нейтральны в отношении диоксида углерода.

Третьим важнейшим фактором является увеличение использования в технологических процессах макулатуры. Помимо обеспечения сбалансированного потребления сырья, переработка макулатуры для повторного использования представляет собой ключевой элемент характерного для отрасли кругооборота углерода: она предотвращает появление значительных выбросов метана, которые могли бы возникнуть вследствие сброса бывшей в употреблении бумаги на свалки. Это еще одно позитивное последствие, значение которого могло бы расти по мере повышения объемов переработки бывшей в употреблении бумаги – конечно, при условии, что такая переработка, как часть жизненного цикла бумаги, остается технически и экономически осуществимой.

Сжигание не подлежащей переработке использованной бумаги с извлечением энергии является также одним из перспективных направлений использования биотоплива.

Количество CO_2, выбрасываемого при сжигании одной тонны использованной бумаги с целью получения энергии (550 кг CO_2/воздушно-сухая тонна бумаги - в.с.т.), приближается к количеству этого газа, выбрасываемого при сжигании ископаемого топлива для получения одной тонны бумаги (643 кг CO_2 / в.с.т).

allowed savings of some 35% of the energy that would be used to produce the same amount of electricity by conventional boilers (an estimated saving of 9 Mt fossil CO_2). This amounts to savings of about 0.25 kg CO_2 per kWh of electricity.

The second important factor is the increased use of biofuel. The Pulp and Paper Industry is one of the largest producers and consumers of green energy: almost 50% of the thermal energy consumed by the industry is based on biofuels whose emissions are carbon dioxide neutral.

The third most important factor is the increased use of recovered paper in the papermaking processes. Besides providing a balanced use of the industry's raw material, recycling of used paper is a key element of the industry's carbon cycle since it prevents considerable emissions of methane from landfilling of used paper. This positive impact can further be improved by increased recycling of used paper providing of course that this recycling as a part of paper life–cycle remains technically and economically viable.

One more promising line in the use of biofuel is energy recovery through combustion of both used paper and the paper that cannot be recycled.

CO_2 emissions from one ton of used paper incineration for energy recovery (550 kg CO_2/a.d.t.) are close to the fossil–CO_2 emissions generated when producing one ton of paper (643 kg CO_2/a.d.t.).

*Устойчивое развитие и использование
биотоплива – путь к реализации Киотского протокола и
повышению комплексности использования древесины и торфа*

*Sustainable development and biofuel use as a way towards
the Kyoto protocol implementation and enhanced complex
utilization of wood raw material and peat*

Древесная и бумажная продукция имеет достаточно длительный срок использования – от нескольких десятилетий для деревянных конструкций в домостроении до нескольких лет для большинства книг. Это создает увеличивающийся запас углерода, удаляемого из атмосферы.

Сегодня все более осознается та роль, которую играют леса в удовлетворении потребностей общества в вырабатываемой из древесного сырья продукции и в защите окружающей среды благодаря поглощению углекислого газа.

Бумажники в основном используют те части деревьев, которые невозможно употребить в других промышленных процессах, таких как строительство или производство мебели, а также древесные отходы и отходы лесопильных заводов.

Доклад Европейской комиссии и проблемы биотоплива

В 1998/99 годах было проведено совместное исследование возможных последствий реализации рекомендаций, содержащихся в авторитетном докладе Европейской Комиссии, озаглавленном: "Энергия будущего: Возобновляемые источники энергии". В этом докладе ставится задача удвоить к 2010 году использование возобновляемых источников энергии, доведя их удельный вес до 12%.

В Совместном изучении политики ЕС в области возобновляемой энергии участвовали: Европейская Комиссия, Генеральный директорат по отрасли, Конфедерация Бумажной промышленности Европы (CEPI), Конфедерация деревообрабатывающей промышленности Европы (Cei-Bois), Французское Министерство сельского хозяйства и рыболовства, Нидерландское Агентство по энергии и охране окружающей среды (NOVEM).

Исследование показало, что такая политика могла бы оказать существенное влияние на закупки древесины для базирующихся на древесном сырье Европейских отраслей промышленности. Для того, чтобы выполнить поставленные Комиссией задачи, поставки древесины следовало бы увеличить более чем на 40%. Были бы и другие существенные последствия для указанных отраслей промышленности, например, рост импорта древесины из стран, не входящих в состав ЕС, и снижение производительности во всей отрасли.

Wood and paper products have rather long–term service life – from several decades for wood structures in house–building to several years for the majority of books. This provides an expanding reservoir of carbon removed from the atmosphere.

Today the role that forests play in balancing society's need for wood–based products and protecting our environment by absorbing CO_2 is being recognized more and more.

Papermakers use mainly the parts of trees which are unusable in other industrial processes such as construction or furniture making, as well as wood residues and sawmill waste.

The European Commission's White Paper and biofuel challenges

In 1988/99 the joint study has been carried out for revealing possible impacts of implementing the recommendations of the European Commission White Paper entitled: "Energy for the Future: Renewable Sources of Energy". It is proposed in the White Paper to double the contribution of renewable energy sources to gross EU energy production to 12% by 2010.

The following organizations contributed to this joint study: the European Commission – DG Enterprise, the Confederation of European Paper Industries (CEPI), the European Confederation of Woodworking Industries (CEI–Bois), the French Ministry of Agriculture and Fisheries, the Netherlands' Agency for Energy and the Environment (Novem).

The study has demonstrated that implementation of the White Paper policy could have significant impacts on the forest–based industries' wood procurement situation. To meet the EC targets, wood supplies should be increased by more than 40%. Other significant impacts on these industries such as increased wood imports from the EU non–members and reduced productivity in the whole sector would be likely to appear.

Устойчивое развитие и использование
биотоплива – путь к реализации Киотского протокола и
повышению комплексности использования древесины и торфа

Sustainable development and biofuel use as a way towards
the Kyoto protocol implementation and enhanced complex
utilization of wood raw material and peat

Россия, обладающая почти четвертью мировых запасов древесины, имеет реальные возможности для существенного экспорта биомассы. Несмотря на произошедший за последние годы существенный спад в лесопромышленном комплексе, начиная с 1998 - 1999 гг. можно говорить о его реальном возрождении.

Роль Северо-западного Федерального округа в кооперации областей и республик округа в проблемах использования и экспорта биомассы.

Значительная часть лесных ресурсов России расположена в Северо-Западном Федеральном округе. Расчетная лесосека по Северо-Западному региону составляет 82,9 млн.м^3, в том числе по лиственному хозяйству – 32,14 млн.м^3. Фактически в 1999 г. по данным лесхозов вырублено 36,5 млн.м^3 или 44% от расчетной лесосеки, в том числе по лиственному хозяйству соответственно 10,8 млн.м^3. Наиболее полно расчетная лесосека осваивалась в республике Карелия. В то же время в республике Коми сохраняются большие резервы – расчетная лесосека использовалась лишь на 30%. (Ю.С. Комаров, доклад на инвестиционном форуме в Санкт-Петербурге). Этот потенциал является основой для разработки проектов широкомасштабного использования биотоплива непосредственно в регионах и экспорта биомассы в Западную Европу.

Целлюлозно-бумажная промышленность России, так же как и весь лесной комплекс, стала экспортно ориентированной отраслью. В настоящее время экспортируется свыше трех четвертей товарной целлюлозы и около половины бумаги и картона.

Анализируя региональную специфику предприятий лесопромышленного комплекса Северо-Западного региона, можно отметить, что она выгодно отличается от ситуации в других Федеральных округах. В отличие от лесопромышленных комплексов большинства субъектов Федерации и других Федеральных округов, Северо-Западный округ имеет в настоящее время все условия для быстрого и неординарного развития целлюлозно-бумажной промышленности, в целом лесного комплекса и, в частности, биоэнергетики.

Possessing about a quarter of the global wood reserves, Russia has real opportunities for significant exports of biomass. Despite considerable economic recession in the Forest – Industrial Complex, since 1988–1999 one can speak about its real recovery.

The role of the North–Western Federal Area in cooperation of its Regions and Republics in the field of biomass use and export.

The North–Western Federal Area possesses a considerable portion of Russia's forest reserves. Its annual cut is equal to 82.9 million m^3 including 32.14 million m^3 falling on deciduous forests. According to the data of logging enterprises, there were 36.5 million m^3 of timber felled in 1999 or 44% of the annual cut including 10.8 million m^3 of hardwood species. The annual cut was being mastered most efficiently in the Republic of Karelia. At the same time, there are large reserves in the Republic of Komi where only 30% of the annual cut are utilized (Yu.S. Komarov, presentation at the Saint Petersburg Investment Forum). This potential is a basis for working out projects on large–scale biofuel utilization immediate in the regions and on biomass exports to West Europe.

The Russia's Pulp and Paper Industry as well as the Forestry Complex as a whole became export–oriented. Today more than three fourths of the manufactured market pulp and approximately a half of paper and board made in Russia are exported.

While analyzing regional features of Forestry Complex enterprises in the North–Western Region, one can note that they differ advantageously from those of other Federal Areas. Presently, the North–Western Federal Area has all necessary conditions for rapid and unconventional development of the Pulp and Paper Industry, of the Forestry Complex as a whole and of bioenergetics, in particular.

*Устойчивое развитие и использование
биотоплива – путь к реализации Киотского протокола и
повышению комплексности использования древесины и торфа*

*Sustainable development and biofuel use as a way towards
the Kyoto protocol implementation and enhanced complex
utilization of wood raw material and peat*

Такая специфика характеризуется рядом факторов:

These features incorporate a number of factors:

➢ Богатой лесосырьевой базой с хорошим возрастным и породным составом древесины;

➢ A rich stumpage base with proper age and species stand composition;

➢ Уникальным географическим положением, обусловленным непосредственной близостью к портам и крупным потребителям лесобумажной продукции как на внутреннем, так и на внешнем рынках Северной и Западной Европы;

➢ A unique geographical position because of immediate proximity to ports and to major consumers of forest– and paper–based products both on the domestic and on the foreign markets of North and West Europe;

➢ Существованием на территории Федерального округа больших производственных мощностей, обеспечивающих глубокую переработку древесины, весь технологический цикл от лесозаготовительных до деревообрабатывающих, мебельных и целлюлозно-бумажных предприятий. Таким образом, округ имеет возможность в короткий срок перейти от экспорта необработанной древесины к экспорту наукоемких видов продукции при одновременном расширении сырьевой базы для биотоплива;

➢ The availability of large production capacities on the territory of the Federal Area, which provide extended wood processing as well as the whole process cycle, from logging enterprises to woodworking, furniture, and pulp and paper mills. Thus, the Area has a good chance to make a short–term transition from untreated timber exports to exports of science–intensive products while widening simultaneously a biofuel raw material base;

➢ Транспортной инфраструктурой, включающей автомобильный, железнодорожный, морской и речной транспорт, при одновременном строительстве ряда новых портов в Ленинградской области;

➢ The transport infrastructure including automobile, railway, sea and river transport and construction of a number of new ports in the Leningrad Region;

➢ Благоприятной инвестиционной политикой (правительства Ленинградской области и ряда других субъектов), по созданию условий для развития предприятий лесопромышленного комплекса, углубления переработки древесины в регионе произрастания, повышения экономической и социальной эффективности использования лесных ресурсов;

➢ Favourable investment policy (of the Government of the Leningrad Region and of a number of other subjects) towards creating conditions for development of Forestry Complex enterprises, for more extended wood processing immediately in the region of trees growing, higher economic and social efficiency of utilization of forest resources;

➢ Наличием крупного научного потенциала – в регионе сконцентрированы основные университеты и научные институты лесного комплекса – СПб ГТУ РП, Лесотехническая Академия, АЛТУ, ВНИИБ и др.

➢ High scientific potential – main universities and research institutes bearing on the Forestry Complex are concentrated in the Region: SPb STUPP, the SPb Forest Technical Academy, the Arkhangelsk Forest Technical University, VNIIB, etc.

➢ Однако существует ряд негативных факторов в сегодняшней деятельности предприятий лесопромышленного комплекса:

➢ However, there exist a number of negative factors in today's activities of the Forest–Industrial Complex. They are as follows:

➢ Большой удельный вес в структуре экспорта необработанной древесины приводит к существенным потерям – как прямым финансовым, так и потерям социальным, лишая регион большого количества рабочих мест. Кроме того, такая структура лесного экспорта делает

➢ Large specific weight of untreated timber in the structure of exports of forest–based products results in considerable losses – both direct financial and social, for the Region becomes depleted of a lot of jobs. Besides, such a

Устойчивое развитие и использование
биотоплива – путь к реализации Киотского протокола и
повышению комплексности использования древесины и торфа

Sustainable development and biofuel use as a way towards
the Kyoto protocol implementation and enhanced complex
utilization of wood raw material and peat

российских экспортеров зависимыми от ситуации на внешнем рынке, имеющем избирательный и нестабильный спрос на необработанные и обработанные лесоматериалы;

➢ География экспорта круглого леса отличается тем, что около 30% экспорта приходится на Финляндию, и свыше 10% на Швецию которые фактически является основным конкурентом для российских экспортеров как обработанной, так и необработанной древесины. Это делает российских экспортеров уязвимыми со стороны скандинавских конкурентов;

➢ Моральный и физический износ оборудования большинства крупных лесопромышленных предприятий снижает конкурентоспособность их продукции;

➢ Недостаточное развитие систем лесной сертификации, а также сертификации предприятий на соответствие системам международных стандартов серии ИСО 9000 и ИСО 14000, снижает ее конкурентоспособность продукции, особенно на экологически чувствительных рынках.

Важнейшими факторами, обеспечивающими в будущем стабильную работу предприятий лесопромышленного комплекса, становятся безусловное выполнение принципов устойчивого лесопользования и, как следствие, - развитие лесной сертификации; комплексная, глубокая механическая и химическая переработка древесины. Совмещение такой переработки с производством и использованием биотоплива позволит квалифицированно решать проблемы предотвращения глобального изменения климата, обеспечить реализацию Киотского протокола.

Таким образом, создание новых предприятий и поэтапная эколого-экономическая реконструкция существующих предприятий, их сертификация на соответствие системам международных стандартов серии ИСО 9000 и ИСО 14000, в сочетании с увеличением комплексности использования древесных ресурсов, в частности, путем расширения использования лиственной древесины и биотоплива, сегодня становятся важнейшими задачами лесопромышленного комплекса Северо-Западного региона.

structure of forest–based exports makes Russian exporters dependent on a situation in the foreign markets, which have selective unstable demand for untreated and treated timber;

➢ Geography of round wood export differs in that Finland accounts for 30% of these exports and Sweden – for more than 10%. Actually, these countries are the main competitors of Russian exporters of both processed and unprocessed wood. This makes the Russian exporters vulnerable to Nordic competitors;

➢ Equipment obsolescence and wear and tear at the majority of large forestry enterprises reduces competitiveness of their products;

➢ Poor development of forest certification systems as well as of certification of enterprises as to their conformity with the ISO 9000 and ISO 14000 series of International Standards reduces the competitiveness of their products, especially on the environmetally sensitive markets.

The most important factors offering prospects for stable operation of the Forest–Industrial Complex enterprises are unconditional compliance with sustainable forest management and as a consequence, development of forest certification as well as extended mechanical and chemical processing of wood. The processing, coupled with production and use of biofuel, would allow due solving of global climate change problems and implementation of the Kyoto Protocol.

Thus, construction of new enterprises and stage–by–stage environmental and economic reconstruction of the existing ones, their certification as to conformity with the ISO 9000 and ISO 14000 series of International Standards along with extended use of wood raw material resources while increasing share of hardwood species and biofuel are the most important today's targets of the Forest–Industrial Complex of the North–Western Region.

*Устойчивое развитие и использование
биотоплива – путь к реализации Киотского протокола и
повышению комплексности использования древесины и торфа*

*Sustainable development and biofuel use as a way towards
the Kyoto protocol implementation and enhanced complex
utilization of wood raw material and peat*

Реальные шаги по использованию биотоплива в Северо-Западном регионе

За последние годы в Северо-Западном регионе существенно возросло использование биотоплива, прежде всего, на целлюлозно-бумажных предприятиях, и ряд проектов находится в стадии осуществления.

Так, строительство на ОАО «Светогорск» корьевого котла (пуск намечен на сентябрь 2001 г.) производительностью 150 тонн пара в час решает не только сегодняшнюю проблему утилизации древесных отходов, но и обеспечивает перспективы использования биотоплива на комбинате.

В настоящее время концерн «ЛЕМО» начинает строительство в поселке Елизаветинка крупного предприятия по производству пиломатериалов. Использование отходов данного предприятия как для производства целлюлозно-бумажной продукции, так и в качестве биотоплива обеспечит повышение комплексности использования древесины в регионе и увеличение глубины ее переработки непосредственно в регионе произрастания.

Успешно работает ряд коммунальных котельных на биотопливе (в Лисино и др.).

Перспективные технологии производства древесного угля разработаны в Лесотехнической академии и фирме «Поликор» – пущен завод в Приозерске, строится еще ряд установок.

Другой пример касается Архангельской области. Реальным вкладом в увеличении использования биотоплива является проведенная в конце 2000 г реконструкция и модернизация корьевого котла Архангельского ЦБК. Его производительность повышена с 30 до 65 т пара в час. Котел будет утилизировать в год 280 тыс. т. коры и других древесных отходов (увеличение на 90 тыс. Т/год).

Однако, это лишь малая доля из реально существующих резервов биотоплива.

По данным, приведенным Александром Булатовым на форуме по биотопливу – Роттердам, февраль 2000 г., имея 2,2 млрд. м^3 спелого перестойного леса на корню, обладая расчетной лесосекой для промышленной заготовки 23 млн. м^3 в год, Архангельская область фактически заготовила в 1999

Real steps towards biofuel use in the North–Western Region

The use of biofuel has considerably increased in the Region in recent years, especially, in its pulp and paper mills; a number of projects are in progress.

For example, construction of the bark boiler of the capacity 150 t. steam/hour at the Svetogorsk Mill (the target date for putting it into operation is September 2001) not only solves today's problem of wood residue utilization but also creates prospects for further use of biofuel at the Mill.

Presently, in the settlement of Elizavetinka, the Lemo Concern proceeds to construction of a major lumber enterprise. The use of the enterprise residues both for manufacturing pulp and paper products and as biofuel will make the use of wood more extended and will increase its in–depth processing in the immediate region of tree growing.

A number of municipal boilerhouses are in successful operation with the use of biofuel (in Lisino, etc.).

Promising charcoal technologies are developed at the Forest Technical Academy and at the Polycor Company. A charcoal mill has been put into operation in Priozersk, and several more plants are being constructed.

Another example refers to the Arkhangelsk Region. A practical contribution to the extended use of biofuel is the reconstruction and upgrading of a bark boiler at the Arkhangelsk Pulp and Paper Mill. Its capacity has been raised from 30 to 65 t. steam/h. The boiler will utilize 280 thousand tons of bark and other wood residue a year (the increase is equal to 90 thousand tons a year).

However, this is only a small share of the available biofuel reserves.

According to the data Mr. A.Bulatov presented at the Biofuel Forum in Rotterdam in February of 2000, while possessing 2.2 billion m^3 of old–growth stumpage with allowable cut of 23 million m^3 for industrial–purpose logging, the Arkhangelsk Region has actually harvested only 8.5 million m^3 of wood

Устойчивое развитие и использование
биотоплива – путь к реализации Киотского протокола и
повышению комплексности использования древесины и торфа

Sustainable development and biofuel use as a way towards
the Kyoto protocol implementation and enhanced complex
utilization of wood raw material and peat

г лишь 8,5 млн. м^3 древесины. Соответственно, в области образуется 2,2 млрд. плотных м^3 коры, щепы и опилок. При увеличении объема заготовок до 10 млн. м^3 количество отходов образующихся только от деревообработки составит 2,5 – 3 млн. м^3/г. Кроме того, в области в отвалах находится 14 млн. т гидролизного лигнина.

При этом для обеспечения 1300 индивидуальных котельных в область ежегодно ввозят 990 тыс. т. каменного угля, 250 тыс. т топочного мазута, 60 тыс. т дизельного топлива.

Возможности использования биотоплива непосредственно в регионах произрастания при осуществлении глубокой механической или химической переработки древесины должны оцениваться с учетом всего многообразия экологических и экономических проблем, которые при этом возникают. Особого рассмотрения заслуживает вопрос экспорта биомассы, в частности, использования древесных отходов для производства пригодных для транспортировки и экспорта, высококалорийных видов биотоплива.

Анализ таких проблем и эффективных путей их решения является одним из важнейших аспектов научной поддержки любых крупномасштабных проектов в области биотоплива.

Научные проблемы использования биотоплива

Наступило время перехода от отдельных пилотных проектов по использованию биотоплива к разработке стратегии широкомасштабного производства и эффективного использования биотоплива как важнейшего вида возобновляемых энергетических источников. Разработка и реализация такой стратегии возможна лишь при условии научного сопровождения данной программы.

Остановимся на важнейших аспектах такой программы. Они могут быть разделены на ряд направлений:

➢ проблемы логистики биотоплива, прямого и косвенного экспорта биотоплива;

➢ проблемы интенсификации лесного хозяйства;

in 1999. There are correspondingly as much as 2.2 million solid m^3 of bark, chips and sawdust appearing in this connection in the Region. When increasing annual logging up to 10 million m^3, the amounts of waste resulting from woodworking operations only will range from 2.5 to 3 million m^3 per year. In addition, there are 14 million tons of hydrolysis lignin in the Region.

To provide 1300 individual boiler–rooms with fuels, 990 thousand tons of coal, 250 thousand tons of furnace fuel oil and 60 thousand tons of diesel fuel are delivered to the Reional annually.

The opportunities for using biofuel in the immediate region of tree growing in connection with in–depth mechanical and chemical processing of wood must be evaluated with due regard to the whole variety of environmental and economic consequences. The questions of biomass export and of the use of wood residue in production of exportable and transportable high–calorie biofuels deserve special consideration.

Analysis of these problems and of efficient ways for solving them is one most important aspect of scientific support to any large-scale projects in the field of biofuel.

Scientific problems of the biofuel uses

There comes a time when we should go from individual pilot projects on biofuel use to working out a strategy of large–scale production and efficient use of biofuel as the most important type of renewable energy sources. Working out and implementing the strategy is possible only if scientific support to the programme is provided.

Let's dwell on the most significant aspects of this programme. They could be divided into a number of directions:

➢ biofuel logistics, direct and indirect export of biofuel;

➢ intensification of forestry;

Устойчивое развитие и использование биотоплива – путь к реализации Киотского протокола и повышению комплексности использования древесины и торфа

Sustainable development and biofuel use as a way towards the Kyoto protocol implementation and enhanced complex utilization of wood raw material and peat

➢ проблемы повышения эффективности;

➢ использования древесины в целом; проблемы генной инженерии;

➢ проблемы повышения эффективности сжигания древесины, создания типоразмерного ряда высокоэффективных котлоагрегатов нового поколения, в частности, реализующих принцип газификации биотоплива и вихревого сжигания продуктов газификации;

➢ проблемы создания новых транспортабельных видов биотоплива – в частности, композиционных материалов энергетического назначения (энергопиллеты и др.).

Рассматривая проблемы биотоплива, представляется целесообразным всегда иметь в виду, что использование в качестве биотоплива древесины в настоящее время является наименее квалифицированным направлением ее использования. Древесина – это великолепный конструкционный материал, по своему жизненному циклу максимально вписывающийся в концепцию устойчивого развития. И поэтому древесина должна перерабатываться, прежде всего, в разнообразные деревянные конструкции – строительные и др. Та часть древесины, которая не может быть использована как конструкционный материал, должна использоваться как сырье для целлюлозно-бумажной промышленности – через, например, технологическую щепу. И, наконец, та часть древесины, которая не может быть использована как конструкционный материал и сырье для целлюлозно-бумажной промышленности, собственно и является биотопливом.

Из этих общих принципов вытекает несколько важных следствий:

1. Оптимальный уровень использования лесосечных отходов и максимальный уровень использования древесных отходов деревообрабатывающих и целлюлозно-бумажных предприятий. Задача полного использования всей биомассы дерева представляется в принципе неправильной, т.к. она может привести к истощению почвенного слоя и нарушению биоразнообразия. Поэтому для каждой категории лесов должны быть определены оптимальные уровни использования лесосечных отходов, обеспечивающие поддержание почвенного слоя.

➢ higher efficiency of wood utilization on the whole;

➢ genitic engineering;

➢ increased efficiency of wood burning, creation of a sized series of high efficient boiler units of a new generation applying, in particular, the principle of biofuel gasification and vortical burning of gasified products;

➢ creation of new transportable biofuels, for example, energy–purpose composites (energy–pellets, etc.).

While considering biofuel problems, it is advisable to always keep in mind that presently the use of wood as a biofuel is the least efficient method of wood utilization. Wood is an excellent structural material; its life–cycle complies well with the idea of sustainable development. Because of this, wood must above all be converted into different wooden structures, for example, constructive and others. The part of wood that cannot be used as a structural material, must find its application as a raw material for the pulp and paper industry through, for example, pulpchips. And finally, the last part of wood that cannot be used as a structural material and as a raw material for manufacturing pulp and paper refers to biofuel.

Several important results follow from these general principles:

1. The optimum use of forest residues and the maximum use of wood residue from woodworking and pulp and paper mills. The target of the full use of the totality of tree biomass is fundamentally untrue as this could lead to soil depletion and biodiversity disbalancing. Because of this, optimum levels for the use of forest residue ensuring maintenance of soil layer should be determined for every forest category.

*Устойчивое развитие и использование
биотоплива – путь к реализации Киотского протокола и
повышению комплексности использования древесины и торфа*

*Sustainable development and biofuel use as a way towards
the Kyoto protocol implementation and enhanced complex
utilization of wood raw material and peat*

2. Принцип последовательного использования древесины. Конструкционная древесина может рассматриваться как «сток углерода» наиболее длительной эксплуатационной долговечности – 40-60 лет. Однако после этого срока использованная древесина вполне может быть повторно утилизирована в качестве биотоплива. Аналогичная картина и с лесной продукцией средней и низкой эксплуатационной долговечности. Использованная древесина, использованные продукты переработки древесины представляют собой весьма существенный компонент муниципальных и промышленных твердых отходов и могут рассматриваться как важнейший ресурс биотоплива.

3. Стандартизация и сертификация в области биотоплива. Проблема биотоплива становится одной из крупных международных проблем, и вопросы стандартизации и сертификации в этой области не только чрезвычайно важны, но и являются одним из основополагающих вопросов международной торговли биотопливом.

4. Активные научные работы в области генной инженерии в лесном комплексе пока еще направлены, в основном, на повышение интенсивности роста деревьев, изменение соотношения лигнина и целлюлозы, увеличение содержания в древесине высокопрочных волокон (аналогичных так называемым «тяговым» волокнам в креновой древесине). Применительно к биотопливу можно ожидать и появления таких направлений в генной инженерии, как увеличение содержания в древесине компонентов, способных технологически приемлемо превращаться в жидкое топливо, создание биотоплива повышенной калорийности и т.д.

5. Целлюлозные композиционные материалы энергетического назначения. Хотя древесина сама по себе является композиционным материалом природного происхождения, ее отходы, как первичные, так и вторичные, могут быть использованы для производства новых типов композиционных материалов энергетического назначения. Эти материалы, наряду с древесиной, могут содержать и другие компоненты – в частности, торф, те или иные фракции нефти или продуктов их переработки и т.д.

2. *The principle of successive use of wood.* Structural wood can be considered as a "carbon reservoir" of the largest operating longevity (in the range from 40 to 60 years). However, after this period, the used wood can be reused as biofuel. A similar situation takes place also for forest–based products of medium and small operating longevity. The used wood and the used convertibles are essential components of municipal and industrial solid waste and can be considered as the most important resource for biofuel.

3. *Standardization and certification while dealing with biofuel.* The problem of biofuel becomes one of the major international problems and standardization and certification in this field not only are of extraordinary importance but also represent one of the basic points of international trade in biofuel.

4. *Active research into genetic engineering in the Forestry Complex* is still aimed mainly at more intensive growth of trees, at changing the lignin: cellulose ratio, at increasing content of high–strength fiber in wood (similar to so–called "pulling" fiber of abnormal wood). As applied to biofuel, the lines in genetic engineering are expected to appear such as increasing content of the wood components, which are convertible into liquid fuel by technologically acceptable techniques, creation of biofuel of higher calorific value, etc.

5. *Energy–purpose cellulose composites.* Although wood is a natural composite by itself, its residues, both primary and secondary, can be used in the production of new energy–purpose composites. These materials can also contain alternative components, for example, peat, particular fractions of petroleum or petroleum refining products, etc.

*Устойчивое развитие и использование
биотоплива – путь к реализации Киотского протокола и
повышению комплексности использования древесины и торфа*

*Sustainable development and biofuel use as a way towards
the Kyoto protocol implementation and enhanced complex
utilization of wood raw material and peat*

6. Проблемы газификации твердого топлива и получения на его основе жидкого топлива. В Советском Союзе гидролизная промышленность представляла собой самостоятельную отрасль индустрии; в ряде стран мира (например, в Бразилии) в настоящее время успешно используются спиртовые добавки к моторным топливам. Однако далеко не все научные возможности этого направления сегодня реализованы.

7. Фундаментальные исследования процессов горения биотоплива, повышение к.п.д. котлов, являются наряду с созданием энергосберегающих технологий также вполне самостоятельным научным направлением.

Первое из этих направлений связано с проблемами устойчивого лесопользования. При расчетной лесосеке в России порядка 540 млн. кубометров заготовка древесины никогда не превышала 300-350 млн. кубометров. В результате экономического спада 90–х годов объем заготовки древесины снизился в 1997 до 82 млн. кубометров, в 1998 – до 75 млн. кубометров, а в 2000 году около 100 млн. кубометров. Таким образом, использование расчетной лесосеки не превышает в настоящее время 15%. Россия не только обладает четвертью мировых запасов леса, но и географически расположена в Северном полушарии, в котором потребляется основное количество ископаемого топлива (страны Западной Европы, США, Япония). Леса России играют очень большую роль в поддержании устойчивости атмосферы. И это – один из важнейших аспектов интенсификации лесопользования в России.

В настоящее время интенсивность роста древесины в российских лесах составляет от 1,5 с гектара в год для хвойных пород до 2,5-3,0 – для лиственных пород, т.е. в несколько раз меньше, чем в Скандинавии аналогичных климатических условиях. Как известно, в последние десятилетия в мире уделялось достаточно большое внимание расширению плантаций – в частности, плантаций ускоренного роста. Были достигнуты фантастические результаты по повышению интенсивности роста древесины. Так, средняя продуктивность сосны в Бразилии составляет 28,5 кубометра с гектара в год, а эвкалипта – 37 кубометров с гектара в год. На некоторых экспериментальных участках в Бразилии годовой прирост эвкалипта достиг 119 кубометров/га в год. Однако анализ этих данных показывает, что они относятся, в первую очередь, к Южному полушарию.

6. *Solid fuel gasification and production of liquid fuel on this basis.* In the former USSR the Hydrolysis Industry was an independent industrial sector. Presently, alcoholic additives to motor fuels are successfully used in a number of countries (for example, in Brazil). However, the scientific potential of this technology is not completely realized today.

7. Fundamental research of biofuel burning processes, increasing efficiency of boilers are, along with new energy–saving processes, quite independent research lines.

The first line is directly related to sustainable forest management. While Russia's annual cut is about 540 million cubic meters, logging volume has never been more than 300–350 million cubic meters. As a result of the economic recession of the nineties, logging dropped to 82 million m^3 in 1997 and to 75 million m^3 in 1998. In 2000 it approximated 100 million m^3. Thus, no more than 15% of the allowable cut is really being used at present. Russia not only possesses a quarter of the world's forest resources but in addition, it is located geographically in the Northern Hemisphere, where the greater part of fossil fuel is consumed (West European countries, U.S.A., Japan). So, Russian forests play a vital part in maintaining atmospheric sustainability. This is one most important factor of intensifying forest management in Russia.

Currently the intensity of tree growth in Russian forests is 1.5 m^3 per hectare per year for coniferous species and 2.5 – 3.0 m^3 – for leaf species that is considerably smaller than in Nordic countries under similar climatic conditions. As we know, in recent decades considerable attention has been focused worldwide on developing tree plantations, in particular, the healthy growth plantations. Extraordinary results have been achieved in increasing intensity of tree growth. For example, the average productivity of pine in Brazil is 28.5 m^3 per hectare per year and of eucalyptus – 37 m^3 per hectare per year. On certain experimental plantations in Brazil, the annual increment of eucalyptus was as much as 119 m^3 per hectare per year. However, analysis of these figures shows they are primarily applicable to the Southern

Устойчивое развитие и использование
биотоплива – путь к реализации Киотского протокола и
повышению комплексности использования древесины и торфа

Sustainable development and biofuel use as a way towards
the Kyoto protocol implementation and enhanced complex
utilization of wood raw material and peat

Развитие плантаций ускоренного роста в Южном полушарии позволяет в стратегическом плане решить проблемы устойчивого лесопользования и обеспечения мировой целлюлозно-бумажной промышленности волокнистым сырьем на длительную перспективу.

С позиций глобального изменения климата повышение продуктивности российских лесов и более эффективное использование древесины российских лесов, как для производства целлюлозно-бумажной продукции, так и биомассы, имеет не меньшее значение, чем развитие плантаций ускоренного роста в странах Латинской Америке или в Азиатско-Тихоокеанском регионе.

Сокращение заготовки древесины в России является не только российской проблемой. Можно говорить о том, что это проблема изменения климата во всем Северном полушарии. Интенсивность роста древесины в российских лесах может быть удвоена. Это окажет существенное влияние на предотвращение изменения климата в Северном полушарии. Однако для реализации такой программы необходимы многомиллиардные инвестиции в лесопромышленный комплекс России, соответствующее внимание международных финансовых структур, политическая и экономическая стабилизация в России.

Целесообразно еще раз остановиться на одном аспекте Киотского протокола. С позиций глобального баланса углекислого газа и предотвращения «парникового эффекта» наиболее целесообразным является не экспорт из России круглого леса, а глубокая переработка древесины максимально близко к месту ее произрастания. В этом случае резко сокращаются транспортные затраты и расход энергии на транспортировку древесины, а также сближаются места поглощения и выделения углекислого газа – лес и завод. Это приводит к целесообразности экологической оценки структуры лесного экспорта России и интенсивного развития в России целлюлозно-бумажной промышленности и предприятий по механической переработке древесины.

С позиций реализации Киотского протокола целесообразным является не просто увеличение объема заготовки в России древесины, но и повышение глубины ее переработки непосредственно в регионах произрастания. При этом, соответственно,

Hemisphere. The development of healthy growth plantations in the Southern Hemisphere makes it possible, at least strategically, to solve the problem of sustainable forest management and thereby to guarantee long–term supplies of fibrous raw material to the world's pulp and paper industry.

In the context of global climate change, increasing productivity of Russian forests and the more efficient use of their wood in manufacturing both pulp and paper products and biomass is of no lesser importance than the development of healthy growth plantations in Latin America or in the Asian–Pacific Region.

The reduction in logging is not only a Russian problem. In a sense, this is the problem of climate change all over the Northern Hemisphere. Intensity of tree growth in Russian forests could really be doubled, and this would have the major favourable impacts preventing climate change in the Northern Hemisphere. However, implementation of such a programme would require major investment (many billions of dollars) into the Russian Forest–Industrial Complex, proper attention from the world's financial institutions, and political and economic stability in Russia.

It is worthwhile to consider here one more aspect of the Kyoto Protocol. In the context of the global carbon dioxide balance and prevention of the "greenhouse effect", it makes more sense to process wood as close as possible to the place where it is grown rather than to export roundwood from Russia. In this case, transport costs and power consumed to transport the timber are sharply reduced. Besides, the place where carbon dioxide is emitted – a processing plant – approaches as near as possible to the place where these emissions can be absorbed – to a forest. This points to the advisability of making environmental estimation of Russian timber exports structure along with intensive development of the Russia's pulp and paper industry and of the mills where wood is subject to mechanical processing.

In the context of Kyoto Protocol implementation it is advisable not only to increase felling volume in Russia but also to achieve better wood processing in the places where it is grown. In so doing, we obtain increasing wood residue output at the woodworking

Устойчивое развитие и использование
биотоплива – путь к реализации Киотского протокола и
повышению комплексности использования древесины и торфа

Sustainable development and biofuel use as a way towards
the Kyoto protocol implementation and enhanced complex
utilization of wood raw material and peat

резко увеличиваются объемы древесных отходов на лесоперерабатывающих предприятиях и целлюлозно-бумажных комбинатах. Кроме того, с позиций устойчивого лесопользования заготовка деловой древесины и балансовой древесины должна сопровождаться параллельной заготовкой и дровяной древесины и утилизацией лесосечных отходов. Все это значительно расширяет сырьевую базу для биотоплива – как при его использовании непосредственно в регионе, так и при экспорте. Экспортироваться, однако, должны наиболее транспортабельные виды биотоплива – брикетированые энергопиллеты и древесный уголь.

Производство, использование и экспорт брикетированных или гранулированных древесных отходов оправдан только в случае, если переработке подвергаются измельченные древесные отходы (опилки, древесная мука и т.д.). Однако, учитывая, что на деревообрабатывающих предприятиях формируется большое количество таких отходов, это направление целесообразно реализовывать при механической переработке древесины. Северо-Западный регион является основным экспортером лесной продукции. Как уже отмечалось выше, с позиции Киотского протокола наиболее целесообразно осуществлять максимально глубокую переработку древесины вблизи места ее произрастания. Поэтому структурная перестройка лесного комплекса региона приведет к увеличению объемов потенциального сырья для такого направления. В Ленинградской области, например, в настоящее время осуществляется пилотный проект по брикетированию древесных отходов.

Брикетирование древесных отходов может осуществляться как без связующих, так и с использованием в качестве связующих продуктов химической переработки древесины (черный щелок, талловое масло, лигносульфонаты и др.), а также отходов нефтепереработки. Создание и использование таких целлюлозных композиционных материалов энергетического назначения может являться одним из важных направлений комплексной программы.

Как известно, в настоящее время цены на газ на российском внутреннем рынке почти на порядок отличаются от цен на мировых рынках и, соответственно, от экспортных цен на российский газ. В ближайшее время планируется в связи с этим существенное повышение цен на газ (за год примерно вдвое) и в перспективе цены на газ на российском

and pulp and paper mills. Besides, in the context of sustainable forest management, industrial wood and pulpwood logging must be accompanied by firewood logging and logging waste utilization. All the above measures extend considerably the biofuel raw material base both when it is utilized directly in the region and when it is exported. However, the most transportable biofuels such as briquetted energy–pellets and charcoal are to be exported.

Only when any disintegrated wood residue (sawdust, wood powder, etc.) undergo processing, would production, utilization and exports of briquetted and granulated wood residue be worthwhile. However, taking into account that woodworking enterprises produce these waste types in large quantities, there is a good reason to develop this line of export in conjunction with the mechanical processing of wood. The North–Western Region is the major exporter of forest products. As noted above, in the context of the Kyoto Protocol it is most advisable to process wood most intensively close to where it is growing. Because of this, a change in the regional Forest Complex structure would result in increasing amounts of potential raw material suitable for this line of export. A pilot project on wood residue briquetting is presently being carried out in the Leningrad Region.

Wood residue may be briquetted both without binding agents and with wood chemical convertibles (black liquor, tall oil, lignosulfonates, etc.) as well as with petroleum refining products to be used as binding agents. The creation and use of such composites for energy–generating purposes could be one of the most important directions in the general programme.

The current prices for natural gas on the Russian domestic market are known to differ approximately ten times from those on world markets and from export prices for Russian gas. Because of this, a significant increase in the prices for gas on the Russian market is being planned in a short time (they will be approximately doubled during a year)

Устойчивое развитие и использование
биотоплива – путь к реализации Киотского протокола и
повышению комплексности использования древесины и торфа

Sustainable development and biofuel use as a way towards
the Kyoto protocol implementation and enhanced complex
utilization of wood raw material and peat

рынке сравняются с мировыми. Увеличение внутрироссийских цен на газ существенно меняет конкурентоспособность биотоплива, и уже в ближайшее время можно будет реально говорить о том, что древесина станет вполне конкурентным видом топлива в Северо-Западном регионе России.

Приводившийся на Санкт-Петербургском Экономическом Форуме (июнь 2000 г.) прогноз развития энергетического сектора России предусматривает при благоприятных условиях увеличение использования нетрадиционных возобновляемых энергоресурсов в 8-20 раз. Однако и эти уровни, по нашему мнению, не отвечают реально существующему потенциалу биотоплива в России и, прежде всего, в ее Северо-Западном регионе.

В связи с этим целесообразно проанализировать мировые данные по использованию древесины в качестве топлива. В настоящее время древесное топливо занимает существенное место в энергетическом балансе не только развивающихся, но и развитых стран – 59% заготавливаемой в мире древесины используется в качестве топлива. В общемировом балансе энергии на долю древесины приходится свыше 7%. В развитых странах этот процент существенно ниже (около 2% - США, Канада – 3%), чем в развивающихся (15%). В последние годы, в связи с необходимостью предотвращения глобального изменения климата, наметилась тенденция к резкому возрастанию доли биотоплива в общем энергетическом балансе. Так, в Швеции доля биоэнергии приближается уже к 8%, и в ближайшие годы планируется увеличить эту цифру в 2-3 раза.

Для России применение древесины в качестве топлива в принципе соответствует российскому менталитету и историческим традициям. Однако перевод существующих котельных на древесное топливо связан с целой гаммой организационных, технических и экономических, в том числе финансовых проблем.

Все эти проблемы, тем не менее, вполне разрешимы и, как показывает опыт Швеции, древесное топливо может успешно использоваться как на сравнительно крупных электростанциях, перерабатывающих в год свыше 1 млн. кубометров древесины, так и в маленьких полностью автоматизированных поселковых котельных, обеспечивающих теплом несколько десятков домов.

and will soon be at the world level of prices. The increase in domestic prices for gas fuel results in considerable changes in biofuel competitive capacity and just in a short time wood will be quite a competitive type of fuel in the North–Western Region of Russia.

The forecast of development of the Russia's Energy Sector presented at the Saint Petersburg Economic Forum (June 2000) provides for an eight– to twenty–fold increase in the utilization of unconventional renewable energy resources under favourable conditions. However, in our opinion, these figures are inadequate to the biofuel potential, which is really available in Russia, and especially in its North–Western Region.

In this connection it makes scnse to analyze global data as to the use of wood as a fuel. Presently, wood fuel figures prominently in the energy balances not only of developing countries but also of developed, with 59% of the wood harvested worldwide being used as a fuel. Wood accounts for more than 7% of the global energy balance. This percentage is significantly lower in developed countries (about 2% – in U.S.A., 3% – in Canada) in comparison with a developing part of the world (15%). In the last years, because of the target of preventing global climate change, the trend is evident towards a drastic increase in a biofuel share in the total energy balance. For example, in Sweden the biofuel share approaches 8% and it is planned to be doubled or tripled in the next years.

As to Russia, here the use of wood as a fuel is basically in conformity with the Russian mentality and its historical traditions. However, conversion of the existing boilerhouses to wood fuels involves a bulk of organizing, technical, economic, including financial, problems.

Nevertheless, all these problems are quite tractable. Referring to the Swedish experience, we can conclude that wood fuel can be successfully used both at comparatively large electric power stations and at the small fully automated settlement boilerhouses, which provide several tens of houses with heat.

Устойчивое развитие и использование
биотоплива – путь к реализации Киотского протокола и
повышению комплексности использования древесины и торфа

Sustainable development and biofuel use as a way towards
the Kyoto protocol implementation and enhanced complex
utilization of wood raw material and peat

Важнейшим экономическим аспектом Программ является максимальное сокращение транспортных затрат, в том числе и затрат на перевалку грузов, оптимальное сочетание заготовки деловой древесины, балансов, дровяной древесины.

По-видимому, целесообразно сопоставление различных вариантов как регионального использования биотоплива, так и экспорта с пересчетом не только на единицы объема или массы, но и с пересчетом на Гкал транспортируемой биомассы или продуктов ее переработки. Кроме того, необходимо учитывать затраты на предотвращение отрицательного воздействия на окружающую среду при транспортировке.

Возможные варианты и этапы программы и пилотных проектов

Представляется целесообразным осуществление ряда пилотных проектов с максимальным использованием существующего технологического оборудования и транспортных потоков. Так, например, перевод ряда расположенных в сельской местности котельных на древесную щепу (как альтернативное топливо) может быть осуществлен в сравнительно короткий срок при малых капитальных затратах при условии создания централизованной системы производства и транспортировки энергетической щепы. Пилотные проекты, связанные с экспортом биотоплива, по-видимому, целесообразно ориентировать на скандинавские страны и Нидерланды. Так, для использования на существующих в Нидерландах электростанциях биотоплива из России могут быть предложены, например, пилотный проект экспорта из России древесного угля и пилотный проект экспорта из России брикетированной или гранулированной биомассы.

Для всех вариантов пилотных проектов первым этапом должна быть предварительная технико-экономическая оценка затрат на производство биомассы с расчетом возможной цены – как в порту отгрузки, так и в порту получения или непосредственно на площадке электростанции. Для второго этапа основной задачей является анализ фактических затрат по каждой стадии получения и транспортировки биотоплива. На третьем этапе важнейшей задачей является анализ затрат при расширении объемов экспорта и определение перспективных цен на биотопливо при реализации крупномасштабного Проекта, т.е. при переходе от опытных и опытно-промышленных масштабов к промышленным.

The most important economic aspects of the Programmes suggest a maximum reduction in transport costs including transhipment costs and optimum combination of industrial wood, pulpwood and firewood to be logged.

It would seem to be expedient well to compare different options of both regional biofuel uses and biofuel exports not only in terms of volume or weight units but also in terms of Gigacalories of the transported biomass or products of its processing. Besides, account must be taken of expenses for preventing any negative transportation impacts on the environment.

Options and milestones of the Programme and Pilot Projects

Implementation of a number of pilot projects on the basis of the available production equipment and transport flows can be thought to be expedient. For example, conversion to wood chips (as an alternative fuel) of a number of boiler–houses located in rural districts can be made during a rather short time with small capital costs providing any centralized system of fuel chip preparation and transportation is established. It seems to be advisable for pilot projects on biofuel exports to be oriented to Scandinavian countries and to the Netherlands. For example, the pilot project of charcoal export from Russia and the pilot project of briquetted or granulated biomass export from Russia can be suggested for Russian biofuel utilization at the electric power stations, which are currently available in the Netherlands.

The first stage of all pilot project options must incorporate a preliminary feasibility study of biomass production costs while calculating possible prices ruling both at a port of shipment and at a port of discharge or within an electric power station site. The main task of the second stage is an analysis of actual costs for every stage of biofuel production and transportation. The most important task of the third stage is an analysis of costs in the case of expanding exports and determination of reasonable prices for biofuel when implementing the large–scale project, i.e. when proceeding from pilot and pilot–industrial scales to the industrial one.

Устойчивое развитие и использование
биотоплива – путь к реализации Киотского протокола и
повышению комплексности использования древесины и торфа

Sustainable development and biofuel use as a way towards
the Kyoto protocol implementation and enhanced complex
utilization of wood raw material and peat

Проблема замены каменного угля на биотопливо является одним из важнейших аспектов реализации Киотовского Протокола. Сегодня имеется реальная возможность разработать варианты комплексной программы – федеральной общероссийской, на уровне Федерального округа и региональных, а также осуществить пилотные проекты, направленные на решение данной проблемы, при сравнительно небольших затратах. Максимально используя научный потенциал университетов Санкт-Петербурга и Архангельска, можно за короткий срок на базе элементов существующих в России, в странах Скандинавии и в Нидерландах промышленных установок соответствующего назначения, создать в рамках данных пилотных проектов экспериментальные технологические схемы заготовки, переработки, транспортировки и сжигания биотоплива. Капитальные затраты, благодаря использованию существующих элементов технологических схем, будут существенно снижены. Операционные затраты, в том числе затраты на научное сопровождение проекта, намного ниже, чем возможные капитальные затраты на создание новых технологических линий. Кроме того, такой путь решения проблемы минимизирует риски, связанные с созданием новых промышленных установок.

Учитывая существенную международную значимость данной Программы в решении проблем предотвращения глобального изменения климата, целесообразно рассмотреть варианты финансовой поддержки данной Программы как за счет средств правительств заинтересованных стран, так и в целом Европейского Союза.

Целесообразно при поддержке руководства Северо-Западного Федерального округа, Правительства Ленинградской и Архангельской областей выйти в Министерство промышленности, науки и технологий России с предложением о включении таких проектов в рамках направления (подпрограммы) «Комплексное использование древесного сырья» Федеральной целевой научно-технической программы «Исследования и разработки по приоритетным направлениям развития науки и техники гражданского назначения».

The problem of replacing black coal with biofuel is one of the most important aspects of the Kyoto Protocol implementation. Today there is a room for development of the versions of a Complex Programme at the Federal level for any Federal Area and for Regions as well as for realization of the pilot projects aimed at solving of this problem with comparatively small expenses. With the most use of the scientific potential of Saint Petersburg and Arkhangelsk Universities and while basing on elements of the appropriate industrial plants, which are currently available in Russia, in Scandinavian countries and in the Netherlands, one can develop experimental process lines for biofuel preparation, processing, transportation, and burning during a short time. Owing to the use of the available elements, capital costs will be considerably cut. Production costs including the costs of scientific support to the project will be much less than the capital costs of creating any new process lines. Besides, this way of resolving the problem allows the minimizing of risks due to construction of new industrial plants.

Taking into account the great international importance of the Programme in solving the global climate change challenges, it is advisable to consider variants of financial support to the Programme from funds not only of the Governments of the countries concerned but also of the European Union.

Having support from the Administration of the North–Western Federal Area, of the Governments of the Leningrad and Arkhangelsk Regions, it is appropriate to make a proposal for the Ministry of Industry, Science and Technologies of the Russian Federation to insert such the project into the sub–programme "Complex Use of Wood Raw Material" of the Federal special–purpose scientific and technical programme "R & D in priority lines of progress of civilian–purpose science and engineering".

Устойчивое развитие и использование
биотоплива – путь к реализации Киотского протокола и
повышению комплексности использования древесины и торфа

Sustainable development and biofuel use as a way towards
the Kyoto protocol implementation and enhanced complex
utilization of wood raw material and peat

Особо хочется остановиться на вопросах взаимодействия с Европейской Экономической Комиссией ООН. Проведенные в рамках проекта по развитию российского лесного сектора международные научно-практических конференции (1999-2001 гг., Санкт-Петербург, Архангельск, Роттердам), позволили проанализировать состояние и перспективы работ в области биотоплива как в России, так и в Европе. Они могут рассматриваться как очень важная стадия информационного обеспечения развития данного направления.

Сегодняшняя конференция знаменует переход от пилотных проектов по использованию биотоплива к разработке и реализации региональной стратегии комплексного использования лесных ресурсов и реализации принципов Киотского протокола по предотвращению глобального изменения климата. Такая стратегия включает разработку концепции экспорта биомассы из Северо-Западного региона Российской Федерации и создание системы использования биотоплива в Ленинградской области на базе блочно-модульного ряда унифицированных котельных с оптимальным использованием импортных и российских компонентов. При разработке и реализации этой стратегии будет учтен как зарубежный опыт использования биотоплива, так и практический опыт его использования в Северо-Западном регионе.

Проблемы устойчивого лесопользования в Ленинградской области и Северо-Западном Федеральном округе могут и должны решаться с учетом перспектив крупномасштабного использования биотоплива.

Перспективы развития лесопромышленного комплекса Ленинградской области и Северо-Западного Федерального округа оказываются в значительной степени связаны с использованием биотоплива и его экспортом. При квалифицированном использовании биотоплива и соответствующем научном сопровождении решаются и экологические проблемы Ленинградской области и Северо-Западного Федерального округа.

Поддержка ЕЭК ООН, благоприятный инвестиционный климат в Ленинградской области определяют хорошие перспективы развития лесного сектора, энергетики, жилищно-коммунального хозяйства и др.

I would like to dwell particularly on the points of interaction with the UN Economic Commission for Europe. The International Scientific and Practical Conferences, which was held in the frameworks of the Project aimed at development of the Russia's Forest Sector (1999 – 2001, Saint Petersburg, Arkhangelsk, Rotterdam), allowed to analyze the state and prospects for the works in the field of biofuel both in Russia and in Europe. The Conferences can be considered to consititute a very important step in information support to the progress of this direction.

Today's Conference marks the transition from pilot projects on biofuel use to working out and implementation of a regional strategy for the complex use of forest resources and implementation of the Kyoto Protocol provisions concerning prevention of global climate change. This Strategy suggests working out of the ideas of biomass exports from the North–Western Region of the Russian Federation and creation of the system for using biofuel in the Leningrad Region on the basis of a block–and–modular set of unified boilerhouses with optimized use of imported and domestic components. While working out and realizing this strategy, both the foreign practice of biofuel use and that of the North–Western Region will be taken into consideration.

In the Leningrad Region and in the North–Western Federal Area the problems of sustainable forest management can and must be solved with regard to the prospects for the large–scale use of biofuel.

The prospects for development of the Forestry–Industrial Complex of the Leningrad Region and of the North–Western Federal Area prove to be coupled with the use of biofuel and with its exports. The efficient use of biofuel and the appropriate scientific support allow environmental problems of the Region and of the Federal Area to be also solved.

The UNECE support favourable investment climate in the Region create reliable prospects for development of the Forestry Sector, the Power Industry, municipal economy, etc.

Устойчивое развитие и использование
биотоплива – путь к реализации Киотского протокола и
повышению комплексности использования древесины и торфа

Sustainable development and biofuel use as a way towards
the Kyoto protocol implementation and enhanced complex
utilization of wood raw material and peat

В последние 2-3 года наблюдается возрождение российской целлюлозно-бумажной промышленности. Достаточно устойчиво работают многие целлюлозно-бумажные комбинаты, непрерывно растет объем производства, происходит реальная структурная перестройка отрасли. Объемы производства достигли 70-80% от уровня 1988-89 гг. – максимального производства в нашей стране целлюлозно-бумажной продукции.

Однако за эти же годы производство бумаги и картона в мире непрерывно возрастало и в результате за последние 10-15 лет целлюлозно-бумажная промышленность России скатилась с 4-го на 17-е место. Доля России в мировом объеме производства бумаги и картона снизилась с 5,2 до 1,6%.

Глобализация целлюлозно-бумажной промышленности стала реальностью. Однако говорить о широкомасштабных инвестициях в российскую целлюлозно-бумажную промышленность пока еще не приходится. Положительный пример компании International Paper показывает целесообразность такого пути.

Сегодня биотопливо становится той областью, в которой открываются принципиально новые перспективы для международного сотрудничества. Европейская программа расширения использования воспроизводимых источников энергии наиболее эффективно может быть реализована только на базе российского лесного комплекса. Речь, прежде всего, идет о реконструкции и расширении на территории Северо-Западного Федерального Округа предприятий по глубокой химической и механической переработке древесины при одновременном производстве биотоплива с его прямым или косвенным экспортом.

Предложения Президента Российской Федерации Владимира Путина о создании единого экономического пространства «ЕС – Россия» открывают принципиально новые горизонты в реализации стратегических программ в области биотоплива.

Совместно с Европейской Экономической Комиссией ООН и Правительством Ленинградской области кафедра технологии целлюлозы и композиционных материалов СПб ГТУРП, ее лаборатория информационных технологий в лесном комплексе, сегодня практически разрабатывают такую стратегическую программу и готовы к ее реализации, научному и кадровому сопровождению.

In the last 2–3 years, the Russian Pulp and Paper Industry was demonstrating its recovery. Operation of many pulp and paper mills is rather stable, there is a progressive growth in their output and the industry is being truly restructured. The output of pulp and paper products has reached much as 70–80% of the level of 1988–89, *i.e.* of its peak.

However, for these years the global output of paper and board was progressively increasing and as a result, for the last 10–15 years, Russia's Pulp and Paper Industry has slid from fourth position to seventeenth. Russia's share in the global output of paper and board has fallen from 5.2% to 1.6%.

Globalization of the Pulp and Paper Industry became a new reality. However, we still can't speak about large–scale investments into the Russia's Pulp and Paper Industry. A positive experience of the International Paper Company points to the fact that such a way is advisable.

Today biofuel becomes the area where radically new prospects are being opened up for international cooperation. The European Programme of extended use of renewable energy sources can best be carried out only on the basis of Russia's Forestry Complex. Here we are above all dealing with reconstruction and expansion of the enterprises for chemical and mechanical wood processing on the territory of the North–Western Area and with simultaneous production of biofuel followed by its direct and indirect export.

The Proposals of Vladimir Putin, the President of the Russian Federation, to create the "EU – Russia" common economic space opens radically new horizons for realizing strategic programmes in biofuel.

Together with the UN Economic Commission for Europe and the Government of the Leningrad Region, the SPb STUPP Department of Pulp and Composites Technology and its Laboratory of Information Technologies in the Forestry Complex are working out such the strategic programme and are ready for its implementation, scientific and staff support.

*Устойчивое развитие и использование
биотоплива – путь к реализации Киотского протокола и
повышению комплексности использования древесины и торфа*

*Sustainable development and biofuel use as a way towards
the Kyoto protocol implementation and enhanced complex
utilization of wood raw material and peat*

Мы приглашаем всех участников данной конференции к взаимодействию в области биотоплива.

We invite all participants of the Conference to join their efforts in the field of biofuel.

А.А. Бенин
Генеральный директор ЗАО
«Концерн ЛЕМО»

ОПЫТ ПРИМЕНЕНИЯ БИОТОПЛИВА В СЕВЕРО-ЗАПАДНОМ РЕГИОНЕ РФ

Энергетика - фундамент научно-технического прогресса и стабильной жизнедеятельности; экономический рост невозможен без решения проблем энергетики. В этой связи существующая напряженность топливного баланса страны делает особенно актуальным вопрос оценки запасов энергетических ресурсов, освоения новых экологически чистых источников энергии и энергосберегающих технологий.

В РФ на долю возобновляемых источников энергии приходится менее 0.1% всех используемых энергоносителей. В соответствии с новой энергетической стратегией предполагается, что к 2010 году их доля увеличится в 20 раз (и составит около 2%), что все равно неоправданно мало для такой крупной лесной державы, как Россия (особенно с учетом качественного ухудшения сырьевой базы в нефтяной промышленности и падающих объемов добычи нефти и газа, доминирующих в топливном балансе страны).

Северо-западный регион (и Ленинградская область в его составе) практически полностью зависит от привозных энергоресурсов. Так, ежегодно в Ленинградскую область привозится около 800 тыс. тонн угля, являющегося топливом приблизительно для 46% всех областных котельных. Годовое потребление мазута в области приближается к 400 тыс. тонн ежегодно.

При этом Северо-западный регион обладает огромными лесными запасами – в нем сосредоточено более половины лесных ресурсов европейской части России. Вместе с тем, доля древесного топлива, как первичного энергоресурса, в энергетическом балансе региона более чем скромна. Число котельных, использующих древесное биотопливо, исчисляется единицами. В качестве примеров можно привести котельные в Ленинградской области (в пос. Лисино и в Белоострове близ Сесрорецка), Республике Карелия (поселки Пряжка и Деревянное), Калининградской

A.A. Benin
General Director of ZAO
«Concern LEMO»

THE TAPPING OF BIODUEL IN RF NORTH WEST

Energy supply lays the foundation for progress in science and technology, and sustainable vital functions: economic growth is unfeasible unless the issues energy supply are resolved. Currently strained fuel balance therefore determines the pressing issues or evaluating available energy resources, and developing new, non-polluting sources of energy and energy-saving technologies.

Renewable sources of energy in the RF contribute to less than 0.1 per cent of total use. The 20-fold (to about 2%) increase of their share by 2010, in accordance with the new energy strategy, will be still inadequate for a major forest power like Russia (in particular, in view of deteriorating quality of input in the oil industry and recession in oil-and-gas production dominating the national fuel balance).

The North West (including Leningrad Region) is almost totally dependent on imported energy resources. Thus the region imports annual 800 thousand ton coal as fuel for almost 40% regional boiler houses. Annual black oil consumption amounts to 400 thousand ton.

Meanwhile the North West possesses immense forest resources: over a half of those in European Russia. At the same time, the contribution of firewood as a primary energy resource to the national fuel balance is over modest. Boiler houses using firewood as biofuel are very rare. Examples of such boiler houses are found in Leningrad Region (in Lisino estate and in Beloostrov near Sestroretsk). Karelian Republic (Priazhka and Dereviannoe estates) Kaliningrad (Pravdisk town)

Устойчивое развитие и использование
биотоплива – путь к реализации Киотского протокола и
повышению комплексности использования древесины и торфа

Sustainable development and biofuel use as a way towards
the Kyoto protocol implementation and enhanced complex
utilization of wood raw material and peat

(город Правдинск) и Архангельской областях. Эти примеры только подтверждают факт чрезвычайно ограниченного использования древесного биотоплива в регионе.

В то же время, только в Ленинградской области площадь, занятая лесами, составляет 8.5 млн. га, а расчетная лесосека - 12.3 млн.м^3 в год. В соответствии со структурой расчетной лесосеки (график № 1) 27% заготавливаемого леса приходится на осину, не имеющую сбыта в сферах традиционного применения древесины.

and Archangel Regions. The cases only provide clear evidence of the very limited use of firewood in the area.

On the other hand, forested area in Leningrad Region alone amounts to 8.5 mil hect. with estimated wood-cutting area of 12.3 mil m^3 per year. As is seen from estimated felling area structure (Fig.1). 27% of the stock falls to aspen wood commanding no ready market in traditional wood-using spheres.

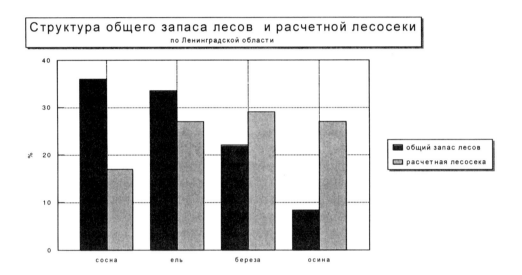

При влажности 40% теплота сгорания древесины составляет 2.44 тыс. ккал/кг (для сравнения: используемые в Ленинградской области Бокситогорский уголь характеризуется теплотворной способностью, равной 4-4.5 тыс.ккал/кг, Интинский - 4.2 тыс.ккал/кг, Кузбасский - 4.5-6.15 тыс.ккал/кг при более высокой стоимости и значительной транспортоемкости) . При КПД современных отечественных котлов, работающих на древесном топливе, равном 75-80% и продолжительности отопительного сезона в области - 219 дней этого количества топлива достаточно для обеспечения работы котлов суммарной тепловой мощностью около 480 Гкал/час., что превышает суммарную тепловую мощность всех твердотопливных котельных Ленинградской области - по данным на 01.03.2001 г. всего в Ленинградской области работает 621 котельная, из них муниципальных 481 и ведомственных 140, в то числе:

With 40% humidity, wood combustion heat is 2.44 tho kcal/kg (to compare: coal from Boksitogorsk used in Leningrad Region has the heating capacity of 4 to 4.5 tho kcal/kg, that from Inta 4.2 tho kcal/kg, and that from Kuzbass 4.5 to 6.15 tho kcal/kg, with higher prices and considerable transport costs). Considering the efficiency of available domestic firewood boilers between 75% and 80% and the 219-day heating season in the Region, this would be sufficient for aggregate boiler capacity of 480 Gcal/hr, exceeding total heat capacity of all boilers in Leningrad Region – as per 0.1.03.2001. Leningrad region operates 621 boiler houses, including 481 and 140 institutional ones using:

Устойчивое развитие и использование
биотоплива – путь к реализации Киотского протокола и
повышению комплексности использования древесины и торфа

Sustainable development and biofuel use as a way towards
the Kyoto protocol implementation and enhanced complex
utilization of wood raw material and peat

➢ на газе – 162 (26.1%);

➢ на мазуте – 124 (20%);

➢ на угле – 279 (44.9%);

➢ на торфе – 10 (1.61%);

➢ на дизельном топливе – 8 (1.28%);

➢ на древесных отходах – 10 (1.61%);

➢ на сланце и сланцевом масле – 8 (1.28%);

➢ на электрической энергии – 20 (3.22%).

Подавляющая часть котельных Ленинградской области и Санкт-Петербурга строилась в 50-70 годы, когда не существовало специального энергетического оборудования, ориентированного на конкретный вид топлива, вследствие чего технологические схемы не способствовали рациональному использованию энергетического потенциала топлива. Вследствие этого практически все построенные в те годы котельные характеризуются повышенным удельным расходом топлива, низким КПД (так, при современном зарубежном уровне 92-94%, средний КПД для небольших котельных, работающих на угле – 62-65%), а также несовершенными средствами автоматического управления и контроля над процессом горения.

Таким образом, для увеличения надежности, устойчивости и эффективности теплоснабжения требуется реконструкция значительного числа городских и областных котельных, в первую очередь угольных. Очевидно, изложенная ситуация справедлива для большинства регионов страны. В рамках реконструкции технически и экономически целесообразно перевести котельные, работающие на угле и мазуте, на древесное топливо.

Специалистами Концерна «ЛЕМО» была выполнена аналитическая работа по сравнению вариантов с целью оптимизации выбора топлива, используемого при эксплуатации котельных в Ленинградской области по критериям:

1. Экономичность (себестоимость 1 Гкал тепла)

2. Окупаемость

➢ Gas – 162 (26.1%);

➢ Black oil – 124 (20%);

➢ Coal – 279 (44.9%);

➢ Peat – 10 (1.6%);

➢ Diesel oil – 8 (1.28%);

➢ Wood waste – 10 (1.61%)

➢ Shale and shale oil – 8 (1.28%);

➢ Electric power – 20 (3.22%).

Most boiler houses in Leningrad Region and Saint Petersburg City were built between the 50s and 70s, with specialized fuel equipment lacking and engineering designs ignoring fuel efficiency. Consequently, almost all boiler houses built during that period feature excessive unit fuel consumption, low efficiency (with current international standards between 92 and 94%, minor coal boiler houses average between 62 and 64%), and inadequate automatic combustion control and monitoring.

Therefore more reliable, sustained and efficient heat supply requires reconstruction _ of many urban and regional boiler houses, above all those using coal. Obviously, this is also true about most areas in the country. Within the reconstruction process, conversion of available coal- and black-air boiler houses to fuel wood would be beneficial both technically and economically.

LEMO Concern specialized staff conducted feasibility studies to optimize fuel selection for boiler houses in Leningrad Region, using the following criteria:

1. Economy (by cost price per 1 Gcal heat)

2. Recoupment

Устойчивое развитие и использование
биотоплива – путь к реализации Киотского протокола и
повышению комплексности использования древесины и торфа

Sustainable development and biofuel use as a way towards
the Kyoto protocol implementation and enhanced complex
utilization of wood raw material and peat

В расчете произведено сравнение взаимозаменяемых вариантов топлива, используемого при работе котельных, обеспечивающих одинаковый производственный эффект Для сопоставимости рассматриваемых вариантов в расчете взяты единые для всех вариантов тарифы на тепловую, электрическую энергию и воду, заработная плата, нормы амортизационных отчислений и отчислений в ремонтный фонд.

Существующие различия в штатном расписании, энергопотреблении, необходимых объемах капитальных вложений обусловлены специфическими особенностями эксплуатации котельных при использовании различных видов топлива.

1. Экономичность

В расчете сравнивалась себестоимость 1 Гкал, вырабатываемой котельной тепловой мощностью 3.6 Мват (3.1 Гкал) при использовании в качестве топлива

> угля;
> мазута;
> природного газа;
> древесного топлива (топливной щепы).

В основу расчета положена информация (цены на топливо и проч.), характерная для работы котельных в Ленинградской области.

Сравнительная эрго-экономическая характеристика обозначенных видов топлива приведена на граф. № 2 (показатель определяется делением стоимости весовой или объемной единицы топлива на ее теплотворную способность). Как показывает график по этой характеристике щепа уступает только природному газу.

Evaluation involved comparison of alternative boiler fuel types with the same end effects. To correlate the alternatives, we used unified heat-, electric power and water supply tariffs, wages, depreciation- and repair costs.

Evident differences in staff schedule, energy consumption or required investment are governed by specific features of boiler operation with different fuel types.

1. Economy

Evaluation involved comparison of cost prices for 1 Gcal heat produced by a boiler plant of 3.6 Mw t heat capacity (3.1 Gcal), using:

> coal;
> black oil;
> natural gas;
> fuel wood (firewood chips).

The values were derived from typical operating data (fuel prices etc.) for boiler houses in Leningrad Region.

Ergoeconomic characteristics of different fuel types analyzed are cross-tabulated in Fig. 2 (each point derived from unit-weight or unit-volume price for fuel by fuel efficiency). As seen from this diagram, wood chips are inferior to natural gas alone in this respect.

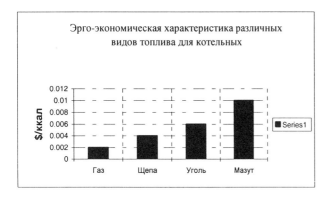

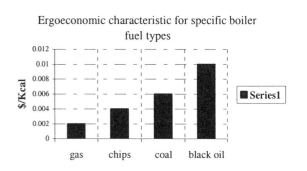

Устойчивое развитие и использование
биотоплива – путь к реализации Киотского протокола и
повышению комплексности использования древесины и торфа

Sustainable development and biofuel use as a way towards
the Kyoto protocol implementation and enhanced complex
utilization of wood raw material and peat

Основные показатели, положенные в основу расчета:

Теплотворная способность топлива:

- мазут – 10000 Ккал/кг
- уголь (в среднем) - 5000 ккал/кг
- природный газ – 8000 ккал/м^3
- щепа$^{*/}$ – 2440 ккал/кг

Стоимость топлива (по данным Правительства ЛО на 15.02.2001г.):

- мазут – 2850 руб./т
- уголь – 750-924 руб./т (в расчете принят средний показатель)
- природный газ – 458 руб./1000 м^3
- щепа$^{*/}$ - 181 руб./пл.м3 или 304 руб./т

*/ при влажности 40%.

Стоимость щепы определена на основе отпускной цены Лисинского УОЛа (где производится топливная щепа) и действующих тарифов на перевозку (расстояние перевозки принято равным 75 км).

КПД котельных (средний показатель для каждого вида топлива взят на основании технической документации на соответствующее котельное оборудование):

- уголь – 75%
- мазут - 85%
- природный газ – 90%
- щепа – 78%.

Капитальные затраты на строительство котельных

В основу расчета положена стоимость строительства на условиях «под ключ» котельной заданной мощности, работающей на щепе. В отношении других видов топлива использовалась экспертная оценка, согласно которой.

- капитальные затраты на аналогичную газовую котельную сопоставимы с котельной на щепе;
- капитальные затраты на строительство аналогичной котельной на мазуте составляют 80% от капитальных затрат на котельную на щепе;

Basic input values:

Fuel efficiency:

- black oil – 10000 Kcal/kg
- coal (average) - 5000 kcal/kg
- natural gas - 8000 kcal/m^3
- chips$^{*/}$ - 2440 kcal/kg

Fuel costs (according to Regional Government data as per 15.02.2001):

- black oil - 2850 rbI/ton
- coal- 750-924 rbi/ton (average value used)
- natural gas – 458 rbl/1000 m^3
- chips$^{*/}$ - 181 rbI/ m3 area or 304 rbl/ton

*/ with 40% humidity

Costs of chips are derived from the selling price offered by Lsino UOI (fuel chips producer) and effective carrier's tariffs (assuming a 75 km distance).

Boiler house efficiency (average for each specific fuel type, depending on appropriate boiler specifications):

- coal -.75%
- black oil -. 85%
- natural gas – 90%
- chips - 78%.

Capital boiler construction costs

Estimates start from the costs of a turnkey boiler construction project with specified capacity, using firewood chips. Findings from expert examination for other fuel types indicate:

- comparable capital costs for gas- and chips boiler houses similar in other respects;
- capital construction costs of a similar black-oil boiler house amounting to 80% of those for a chips boiler;

Устойчивое развитие и использование
биотоплива – путь к реализации Киотского протокола и
повышению комплексности использования древесины и торфа

Sustainable development and biofuel use as a way towards
the Kyoto protocol implementation and enhanced complex
utilization of wood raw material and peat

> капитальные затраты на строительство котельной на угле составляет 150-180% от капитальных затрат котельной на щепе.

Выполненный на основе приведенных данных расчет себестоимости 1 Гкал тепла при использовании различных видов топлива показал, что в условиях Ленинградской области себестоимость 1 Гкал, производимой котельной теплопроизводительностью 3.6 МВт (3.1 Гкал), составляет:

> при работе на угле - $14.9

> при работе на мазуте - $15.6

> при работе на природном газе - $6.34

> при работе на щепе - $10.02

Таким образом, на основании выполненного расчета можно однозначно говорить о том, что в Ленинградской области использование щепы вместо мазута и угля оправдано и эффективно с экономической точки зрения.

Очевидно, результаты, полученные для Ленинградской области, справедливы для других (во всяком случае, лесных) регионов России.

По себестоимости 1 Гкал произведенного тепла щепа уступает только природному газу. При этом необходимо обратить внимание на два момента:

> расчет себестоимости единицы тепла, вырабатываемого газовой котельной, выполнен исходя из условия, что расстояние от котельной до существующего газопровода равна 0;

> в расчете себестоимости не учтена тенденция роста внутренних цен на газ, определенная стратегией ТЭК России.

Согласно экспертной оценке, стоимость 1 м газопровода, подающего газ непосредственно к котельной, составляет (по данным на 15.02.2001 г.) 3000 руб. (или $105.3 при курсе 28.5 руб./$). Проведенный анализ зависимости себестоимости 1 Гкал, выработанной газовой котельной, от расстояния котельной от газопровода, показал, что эффективность использования газа в сравнении со щепой ограничивается по себестоимости единицы тепла удаленностью котельной от газопровода, оставляющей 6,4 км.

> capital construction costs of a coal boiler house comprising between 150 and 180% of those for a chips boiler house.

The resulting cost price estimates for 1 Gcal heat with different fuel types, for a 3.6 Mw t (3.1 Gcal) capacity boiler house in Leningrad Region are:

> with coal - $14.9

> with black oil - $15.6

> with natural gas - $6.34

> with chips - $10.02

The findings clearly demonstrate that using wood chips as a substitute for black oil and coal in Leningrad Region is both economically advisable and feasible.

Obviously, findings for Leningrad Region would be true for other (at least forested) areas in Russia.

In terms of cost price for 1 Gcal heat produced, chips are inferior to natural gas alone. In addition, two more points are noteworthy:

> cost price estimates for unit heat produced by gas boiler house assumed the distance between the boiler house and available gas main equaling zero;

> cost price estimates ignored the tendency for increased domestic gas prices, as specified by Russia's fuel and energy complex (TEK) strategy.

According to expert opinion, the costs of 1 m direct gas main to boiler house amount (as per 15.02.2001) to 3000 rbi (or $105.3 at the current rate of 28.5 rbl). Our analysis of the relationship between the cost price for 1 Gcal heat produced by a gas boiler house and the boiler house/gas main distance indicates that gas is more efficient than chips only within the distance of 6.4 km.

*Устойчивое развитие и использование
биотоплива – путь к реализации Киотского протокола и
повышению комплексности использования древесины и торфа*

*Sustainable development and biofuel use as a way towards
the Kyoto protocol implementation and enhanced complex
utilization of wood raw material and peat*

Стратегия развития ТЭК России предусматривает значительное повышение внутренних цен на природный газ с достижением к 2005 году уровня $27-30/1000 м^3 и далее к 2010 г. их максимальное приближение к мировым.

Рост себестоимости 1 Гкал тепла, вырабатываемого газовой котельной с учетом временных изменений внутренних цен на газ был рассчитан для пяти вариантов расположения газовой котельной относительно существующего газопровода – на расстоянии 0, 1, 2, 3 и 4 км.

Следует отметить, что при расположении котельной в непосредственной близости от газопровода, себестоимость 1 Гкал при использовании газа достигнет уровня себестоимости 1 Гкал при использовании щепы к 2008 году; при расстоянии от газопровода, равном 1 км, это произойдет в 2007 году, 2 км – к концу 2006 года, 3 км – в середине 2005 и 4000 км – в 2004 году. Поскольку в сельской местности при строительстве газовой котельной обычно приходится «тянуть» газ на более значительные расстояния, то справедливым является утверждение о том, что уже сейчас для сельской местности по показателю себестоимости 1 Гкал вырабатываемого тепла щепа сопоставима с природным газом (за исключением редких случаев строительства новой котельной в непосредственной близости с газопроводом).

The TEK strategy for Russia involves significant rise in domestic prices for natural gas: between $27 and $30/1000 m^3 by 2005, with a maximum approximation to worldwide prices by 2010.

Higher cost prices per 1 Gcal heat produced by a gas boiler, accounting for temporal changes in domestic gas prices, were estimated for five gas boiler locations with respect to available gas main at a distance of 0, 1, 2, 3 and 4 km.

Notice that with the boiler house located in the immediate vicinity to the gas main, cost price per 1 Gcal with gas will match that for wood chips by 2008; with i km to the gas main the same will occur by 2007, with 2 km by late 2006, with 3 km by mid-2005, and with 4000 km by 2004. Since gas boiler construction in rural areas requires much longer gas-"extensions", it is reasonable to believe that, in terms of 1 Gcal cost price, chips are already comparable to natural gas (with rare exceptions of new boiler houses built next to the gas main).

2. Окупаемость

Первый критерий выбора – экономичность топлива (себестоимость 1 ГКал тепла, вырабатываемого котельной) позволяет сопоставить текущие (эксплуатационные) затраты, характерные для котельных небольшой тепловой мощности при работе на разных видах топлива. Поскольку при сравнении вариантов необходимо учитывать все затраты, в качестве второго критерия выбран срок окупаемости (как показатель, находящийся в линейной зависимости от величины затрат капитального характера).

При расчете окупаемости с целью сопоставимости вариантов был взят для всех видов топлива единый тариф (действующий на 15.02.2001г. в Гатчинском районе Ленинградской области).

2. Recoupment

The first guideline for selection - fuel economy (cost price per 1 Gcal heat produced by the boiler house) allows comparison of typical current (operating) costs for minor-capacity boiler houses using different fuel types. Since comparison analysis involves total costs, the second guideline represented the pay-off period (as a value showing a linear relationship with capital costs).

For correlated repayment analysis, we used the unified fuel tariff (as per 15.02.2001 in Gatchinski District Leningrad Region).

Устойчивое развитие и использование
биотоплива – путь к реализации Киотского протокола и
повышению комплексности использования древесины и торфа

Sustainable development and biofuel use as a way towards
the Kyoto protocol implementation and enhanced complex
utilization of wood raw material and peat

По сроку окупаемости котельная, использующая в качестве топлива древесную биомассу, уступает только газовой (при условии расстояния последней от существующего газопровода, равного 0). Сроки окупаемости котельных на угле и мазуте очень велики и составляют 13.3 и 6.8 лет соответственно (график № 3).

Срок окупаемости газовой котельной также в значительной степени зависит от расстояния до газопровода. При отдаленности существующего газопровода от котельной на расстояние до 800-900 м окупаемость котельной на газе ниже окупаемости аналогичной по теплопроизводительности котельной на щепе; при расстоянии 900-1100 м - сопоставима с окупаемостью аналогичной по теплопроизводительности котельной на щепе. При расстоянии от газовой котельной до ближайшего газопровода, превышающем 1,1 км, показатель окупаемости котельной при использовании в качестве топлива щепы привлекательней, чем при использовании природного газа.

Таким образом, газ по выбранным критериям оценки вариантов (экономичности и сроку окупаемости) привлекательнее щепы только в случае, если ближайший газопровод находится на расстоянии от котельной, составляющем не более 1.5-2 км. Эта оценка справедлива в отношении внутренних цен на природный газ, действующих в I квартале 2001 г. В кратчайший период (3-5 лет) при росте цен на газ, соответствующем темпам, определенным в стратегии развития ТЭК России, преимущества щепы перед природным газом (по выбранным в работе критериям) будут несомненны при любых прочих условиях.

In the rate-of-return approach, a boiler using natural wood pulp as fuel is inferior to gas boiler alone (assuming zero distance between the latter and available gas main). The pay-off period for coal- and black-oil boiler houses is very long: 13.3 and 6.8 years respectively (Fig 3).

With gas fuel, the pay-off period is also largely dependent on the distance to the gas main. With dependent on the distance to the gas main. With the gas main at a distance between 800 and 900 m to the boiler house, the latter's rate of return is at least similar to that of a chips boiler house of the same capacity; with a distance between 900 and 1100 01, comparable to that of a chips boiler house of the same capacity. With a distance over 1,1 km, the rate of return for a boiler house using chips as fuel is superior to the case of natural gas.

This means that, using the criteria of our choice (economy and rate of return), gas is only superior to chips where the nearest gas main is not farther than 1.5-2 km from the boiler house. This is true with effective domestic prices for natural gas for the 15t quarter 2001. In the nearest future (within 3 to 5 years), with gas prices rising at the rate specifies in Russia's TEK strategy, the advantages of chips over natural gas (using the guidelines described here) will be obvious in any other context.

Устойчивое развитие и использование
биотоплива – путь к реализации Киотского протокола и
повышению комплексности использования древесины и торфа

Sustainable development and biofuel use as a way towards
the Kyoto protocol implementation and enhanced complex
utilization of wood raw material and peat

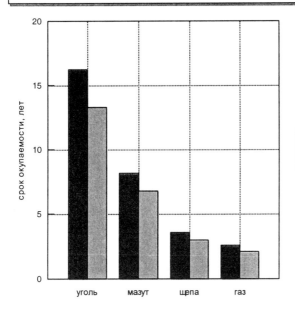

Необходимо отметить также, что актуальность использования щепы в качестве топлива для котельных небольшой тепловой мощности (1-10 МВт) определяется тем, что «Газпром», учитывая рост экономики при сокращении объемов добычи газа и исключая возможность сокращения экспортных поставок газа, призывает к сокращению внутреннего потребления газа за счет замены его другими видами топлива (согласно концепции «Газпрома» к 2003 году внутреннее потребление газа должно сократиться на 30 млрд. м^3).

Notice also that firewood chips as fuel for boiler rooms of low heat capacity (1 to 10 Mw t) are of current significance because the *Gazprom,* considering the economic growth with reduced gas production and obviating the need to reduce gas export, calls for reduced domestic gas consumption through alternative fuel types (according to *Gazprom* conception, domestic gas consumption is to be reduced by 30 mlrd cu m by 2003*)*.

Достоинства применения древесного топлива не исчерпываются экономическими факторами. Использование биотоплива позволяет:

➢ снизить напряженность топливного баланса страны путем сокращения энергетического дефицита;

➢ сохранить невозобновляемые ресурсы путем замены их возобновляемыми;

➢ повысить экспортный потенциал страны за счет экономии экспортоориентированных энергоносителей (газ, продукты нефтепереработки);

The advantages of firewood are not restricted to economic factors. Using biofuel permits to:

➢ relieve the country's fuel balance tension by reducing the energy shortage;

➢ save the nonrenewable resources through renewable substitutes;

➢ increase the country's export potential by saving the export-oriented energy sources (gas, oil products);

Устойчивое развитие и использование
биотоплива – путь к реализации Киотского протокола и
повышению комплексности использования древесины и торфа

Sustainable development and biofuel use as a way towards
the Kyoto protocol implementation and enhanced complex
utilization of wood raw material and peat

> стимулировать увеличение заготовки леса вследствие появления спроса на низкокачественную и дровяную древесину;

> создать рабочие места (на заготовке древесины и производстве топлива);

> пополнить региональный и местные бюджеты.

По своей природе биотопливо децентрализовано и поэтому легко вписывается в местные формы ведения хозяйства.

Необходимо подробнее остановиться еще на одном аспекте вопроса - экологическом. Включение экологических факторов в систему экономических оценок характерно для всех развитых стран и оценки этого фактора растут быстрее других.

Предприятия ТЭК России являются источником более 48% загрязняющих веществ, поступающих в атмосферу в результате хозяйственной деятельности во всех отраслях экономики, а доля ТЭК в промышленных выбросов приближается к 60%.

В общем водопотреблении в РФ доля предприятий ТЭК составляет 30%, а в промышленном секторе – более 65%. Из общего объема сбрасываемых в поверхностные водоемы загрязненных сточных вод на долю ТЭК приходится около 26%.

Негативное воздействие предприятий ТЭК на окружающую природную среду выражается не только в загрязнении природных средств органическими и неорганическими веществами (включая радиоактивные) в результате выбросов и сбросов, размещения отходов, потерь этих веществ при хранении и транспортировке, но также вследствие изъятия и деградации почв и земель из-за складирования и закачки отходов, подтопления, подработки территории, изменения сейсмо-тектонических условий и др.

Велико влияние предприятий ТЭК на климат планеты, поскольку выбрасываемые ими в атмосферу вещества способствуют деградации озонового слоя земли и нарастанию парникового эффекта (70% парниковых газов поступает в атмосферу с выбросами предприятий ТЭКа).

Оценка воздействия объектов энергетики на окружающую природную среду приобретает совсем иное значение при переходе на возобновляемые источники энергии и объекты малой и нетрадиционной энергетики.

> enhance timber purchasing in view of increased current demand for low-grade wood and firewood;

> create new jobs (in felling and fuel industries);

> contribute beneficially to regional and local budgets.

Biofuel is naturally decentralized and therefore easily integrated in local forms of economic activity.

One aspect should be described in more detail, namely ecology. Incorporation of environmental factors in economic evaluation framework is typical for all well developed countries, and their values are growing faster than others.

TEK enterprises in Russia discharge over 48% of air pollutants in all sectors of economy, and the TEK is responsible for 60% of industrial pollution.

TEK enterprises are responsible for 30% of total water use in the RF, and over 60% in industry. At the same time, the TEK is responsible for almost 26% of surface wastewater discharge.

Adverse environmental effects of TEK enterprises involve discharge or emission of organic and inorganic (including radioactive) substances, waste disposal, storage and transportation losses, as well as land and soil withdrawal or degradation due to waste warehousing or pumping, under-flooding, under-working, changing seismological and tectonic conditions, etc.

TEK enterprises largely influence global climate as atmospheric pollution contributes to ozone-layer degradation and enhanced hotbed effect (70% hotbed gases entering the atmosphere with TEK industrial emission).

Ecological evaluation of existing TEK projects is particularly important with conversion to renewable energy sources and minor- and unconventional energy projects.

Устойчивое развитие и использование
биотоплива – путь к реализации Киотского протокола и
повышению комплексности использования древесины и торфа

Sustainable development and biofuel use as a way towards
the Kyoto protocol implementation and enhanced complex
utilization of wood raw material and peat

В течение последних 25-30 лет древесное биотопливо широко используется развитыми странами для выработки тепла и электроэнергии.

Примером применения биотоплива в энергетике является электростанция Мак-Нейл - одна из крупнейших электростанций, использующих в качестве топлива биомассу, введенная в промышленную экспоуатацию в г.Бурмингтон (США, штат Вермонт) более 10-ти лет назад. Электрическая мощность станции 50 МВт; в энергии.

Но несомненным лидером в области использования древесного биотоплива является Швеция, где в 1997 году в соответствии с решением, принятым риксдагом, было начато осуществление комплексной программы в области энергетической политики, ориентированной на развитие новых энергетических технологий и использование возобновляемых видов топлива.

За период с 1970 по 1997 гг. производство энергии в Швеции выросло на 36%; значительные изменения претерпела за это время структура производства энергии - если в 1970 году за счет использования нефти и нефтепродуктов было выработано 77% всей энергии в стране, то в 1997 году эта цифра составила лишь 33%, в то же время в течение этого периода возросла доля энергии, вырабатываемой с использованием древесного биотоплива с 9% в 1970 году до 15% в 1997 г. и этот показатель продолжает расти.

Если говорить о выработке тепловой энергии, то доля древесного топлива в составе других, использованных для получения тепла, превысила 33% (для справки: в 1980 году более 90% топлива, используемого для выработки тепла, составляла нефть). Использование топлива древесного происхождения на теплоцентралях за период с 1990 по 1997 год выросло более чем в четыре раза. Рост использования древесного биотоплива в 1998 году по сравнению с 1997 годом превысил 7%.

Примечательно, что применение биотоплива происходит в тех отраслях, на долю которых приходится наибольшее потребление энергии в стране.

In the past 25-30 years, firewood as biofuel has been much used in well-developed countries in heat and electric power generation.

Among the examples of biofuel use in power engineering is the McNeil electric power station, a major biopulp-fed plant brought into service in Burmington (Vermont, US) over ten years ago. The station has electric power capacity of 50 Mw t.

An undoubted leader in using woodfire as biofuel, however, is Sweden where a riksdag decision of 1997 initiated a comprehensive program for energy policy, promoting new energy technologies and renewable fuel types.

Between 1970 and. 1997, energy generation in Sweden increased by 36%; the energy structure was modified significantly: in 1970 oil and oil products were responsible for 77% of national energy generation, by 1997 the share amounted to 33% only, while the share of energy generated with firewood as biofuel increased from 9% in 1970 to 15% in 1997, and is still growing.

As regards heat generation, the share of firewood among other types involved exceeded 33% (for reference: in 1980, oil comprised over 90% of fuel used in heat generation). Between 1990 and 1997, the amount of firewood used by heat plants increased by a factor of four. By 1998 the use of firewood biofuel increased by 7%, as compared to 1997.

Characteristically, biofuel has been increasingly used in the industries responsible for the better part of national energy consumption.

Устойчивое развитие и использование
биотоплива – путь к реализации Киотского протокола и
повышению комплексности использования древесины и торфа

Sustainable development and biofuel use as a way towards
the Kyoto protocol implementation and enhanced complex
utilization of wood raw material and peat

Необходимо отметить, что если по потреблению электроэнергии на одного жителя Швеция занимает высокое 4-е место в мире (после Норвегии, Исландии и Канады), то доля электроэнергии, полученной в этой стране с помощью ископаемых видов топлива, в международном масштабе сравнительно невысока.

В период с 1980 года по 1997 год общий объем выброса двуокиси углерода в атмосферу шведской энергетической системой сократился на 30% и сегодня количество двуокиси углерода, выбрасываемого в расчете на одного ее жителя, в Швеции ниже средней величины этого показателя для большинства стран мира (по этому показателю Швеция уступает лишь Турции, Мексике и Португалии).

Обобщая сказанное, можно сделать непреложный вывод о том, что для регионов, обладающих значительным лесным фондом, переход на нетрадиционное для России древесное топливо с постепенной частичной заменой им традиционных видов топлива является одним из немногих возможных и наиболее эффективных путей решения энергетических проблем и проблем устойчивого лесопользования одновременно.

С целью подтверждения состоятельности программы перевода на древесное биотопливо муниципальных котельных Концерн «ЛЕМО» за счет собственных средств и с привлечением ведущих в области теплоэнергетики организаций осуществил разработку пилотного проекта котельной мощностью 3.6 МВт/час., работающей на топливной щепе. По проекту планируется осуществить строительство муниципальной котельной в деревне Шпаньково Гатчинского района Ленинградской области, далее предполагается его тиражирование.

В настоящее время Концерн «ЛЕМО» также за счет собственных средств осуществляет реконструкцию котельной в селе Красноозерное Приозерского района Ленинградской области с целью замены установленных там котлов на работающие на топливной щепе; в рамках реконструкции планируется установка топливоподающего устройства и создание склада топлива.

It must be emphasized that, while per capita electric power consumption in Sweden ranks the world's 4th (following Norway, Iceland and Canada), the share of electric power generated with mineral fuel is relatively small in the international context.

Total carbon dioxide emission of the Swedish energy system decreased by 30% Between 1980 and 1997, so that current per capita carbon dioxide emission there is lower than the average for most world countries (Sweden being inferior in this respect to Turkey, Mexico and Portugal only).

To summarize, we can state with assurance. that for much forested areas conversion to firewood unusual in Russia, with gradual and partial substitution for traditional fuel types, Is one of the few feasible and efficient ways to an integrated solution for problems of energy supply and sustainable forest management.

To test the feasibility of the program to convert municipal boiler houses to firewood as biofuel, the *LEMO* Concern, at its own expense and inviting the collaboration of key organizations in heat and energy generation, developed a pilot project for a 3.6 Mw t capacity boiler house using firewood chips. The project involves construction of a municipal boiler house in Shpankovo village Gatchina District Leningrad Region, with subsequent circulation.

The *LEMO* Concern is currently engaged, likewise at its own expense, in reconstructing the boiler house in Krasnoozernoe village Priozersk District Leningrad Region, replacing the existing boilers with those using firewood chips; reconstruction plans also involve a new fuel feeder device and a timber yard.

*Устойчивое развитие и использование
биотоплива – путь к реализации Киотского протокола и
повышению комплексности использования древесины и торфа*

*Sustainable development and biofuel use as a way towards
the Kyoto protocol implementation and enhanced complex
utilization of wood raw material and peat*

В заключение следует подчеркнуть, что развитие энергетических технологий на растительной биомассе происходит в развитых странах в обстановке законодательной, экономической и организационной поддержки государства, без которых реализация программ частичной замены традиционных топлив возобновляемыми энергетическими ресурсами невозможна.

In conclusion it should be emphasized that bio-pulp energy technologies are developed in more advanced countries with legislative, economic and organizational support from the State because there is no other way in which programs for partial substitution of renewable energy resources for conventional fuel types can be implemented.

В.И.Ягодин, проф., д.т.н.,
Ю.Д.Юдкевич, доц., к.т.н.
Кафедра технологии лесохимических продуктов и биологически активных веществ,
Петербургской Государственной лесотехнической академии
В.К..Дубовый, В.И.Коршиков
АОЗТ «Партнер»

СОЗДАНИЕ ЭКОЛОГИЧЕСКИ ЧИСТЫХ ЭНЕРГОТЕХНОЛОГИЧЕСКИХ КОМПЛЕКСОВ В ЛЕНИНГРАДСКОЙ ОБЛАСТИ

Только в Ленинградской области древесных отходов накапливается в год не менее 4 млн. м³. Почти все эти продукты можно рассматривать как биотопливо-возобновляемое сырье для энергетических и химических целей. Если одновременно с энергией получены товарные продукты, эффективность биоэнергетики увеличится еще больше. Наша работа развивается в этом направлении. Мы поставили своей целью получить одновременно энергию и древесный уголь из древесных отходов.

В условиях рыночной экономики производство древесного угля на больших предприятиях стало нерентабельным. Традиционное сырье для пиролиза -твердолиственная древесина. В существующих экономических условиях изготовителям древесного угля трудно конкурировать при закупках сырья с деревообработкой или целлюлозно-бумажной промышленностью. Вместе с тем существует неудовлетворенный спрос на древесный уголь Россия в лучшие периоды, производила около 300 тыс. тонн древесного угля, теперь по приближенным подсчетам - около 50 тыс. тонн, тогда как в Бразилии выпускают больше чем 7 миллионов тонн/год древесного угля. На внутреннем рынке уже появился импортный древесный уголь. Потребление древесного угля на душу населения в год в Европейских странах превышает 20 кг. В России этот показатель менее 50 грамм. Бизнесмены пытаются заполнять дефицит с минимальными затратами. Поэтому, повсеместно эксплуатируются установки, которые выбрасывают ядовитые пары и газы в окружающую среду и крайне нерационально используют тепло, из-за неэффективной организации теплового режима слишком много дров тратится на нагрев, и дымовой газ, содержащий фенолы, кислоты и окислы азота попадает в воздух. Жидкие продукты отравляют почву. Окружающий лес за несколько лет высыхает, а люди страдают от профессиональных заболеваний.

Необходимо перейти к производству угля обеспечивающего экологическую чистоту и энергосбережение. Для реализации этой цели мы разработали установки пиролиза древесины нового типа. Они способны использовать лесосечные отходы, нетоварную древесину, отходы деревообработки. Производство - экологически безопасное, и капиталовложения минимальны. Выбирая производительность установки, мы исходили из той позиции, что этот параметр должен быть ограничен количеством отходов, которые собираются вблизи установки (в радиусе не далее 50 км), чтобы избежать расходов по перевозке дров. Возможно и размещение передвижных модулей непосредственно около лесосеки.

Устойчивое развитие и использование
биотоплива – путь к реализации Киотского протокола и
повышению комплексности использования древесины и торфа

Sustainable development and biofuel use as a way towards
the Kyoto protocol implementation and enhanced complex
utilization of wood raw material and peat

Разработанное нами семейство установок получило общее название «ПОЛИКОР». Они удовлетворяют современным экологическим и технологическим требованиям, просты в обслуживании и производят товарный древесный уголь из древесных отходов. Первая установка этого типа пущена в эксплуатацию в мае 1999 г. Вторая, вдвое большей мощности «ПОЛИКОР-2», построена в г. Приозерск и пущена в эксплуатацию в ноябре 2000 г. Испытания установок показали, что они управляемы и могут поддерживать различные температурные режимы. Древесный уголь высокого качества из отходов произведен впервые. В зависимости от запросов потребителей может быть произведен древесный уголь с разным содержанием нелетучего углерода и различный по другим показателям. В настоящее время большая часть производимого древесного угля отправляется на экспорт.

Принцип действия установки: дрова помещаются в сушилку, и затем в пиролизер в выемных ретортах (рис.1). Газообразные и жидкие продукты теплового разложения в виде паров и газов поступают в топку через специальные каналы, и полностью сгорают. Таким образом, вредные выбросы не попадают в воздух, а сжигаются и покрывают потребность установки в тепле.

Характеристики установок «ПОЛИКОР» и «ПОЛИКОР-2» представлены в таблице

Параметры	ПОЛИКОР	ПОЛИКОР-2
Производительность по древесному углю, т/год .	400	800
Расход технологических дров, м^3/год	4500	8800
Емкость одной выемной реторты, м^3	1	2,4
Количество реторт в обороте, шт.	28	36
Масса реторт (сталь 3), т	13,0	34,2
Численность обслуживающего персонала, чел	18	24
Установочная мощность, кВт	5	30
Объем кирпичной кладки, м^3	-	165
Объем железобетонных конструкций, м^3	28	6
Объем конструкций из т/о изоляционного бетона, м^3	14	13
Объем теплоизоляционных материалов, м^3	6	8
Размеры печи для сушки и пиролиза, м: Ширина х Длина х Высота	2,4х11,3х3,3	6,5х13,0х6,0
Масса металлических конструкций (сталь 3), кг	12000	25000

Помимо печи установка состоит из склада сырья, площадки подготовки сырья с пилой и колуном, подъемного крана, опорных подставок для реторт, устройств для загрузки и разгрузки реторт, бытовки и операторской, ангара для упаковки и складирования продукции, погрузчика (рис.2).

Устойчивое развитие и использование
биотоплива – путь к реализации Киотского протокола и
повышению комплексности использования древесины и торфа

Sustainable development and biofuel use as a way towards
the Kyoto protocol implementation and enhanced complex
utilization of wood raw material and peat

Состав выбросов в окружающую среду, %: N_2 37,5; O_2 10,0; NO_X $5,0 \times 10^3$; H_2O 43,8; CO $5,0 \times 10^2$; CO_2 9,0. В выбрасываемом отработанном теплоносителе концентрация вредных компонентов NO_X и CO - намного ниже допустимых.

Избыток тепла может быть использован для нагрева воды или производства пара для бытовых и технологических целей. В настоящее время выполняется проект энергохимической установки «ПОЛИКОР-3», которая по производству угля аналогична установке «ПОЛИКОР-2» и дополнительно производит 1,5 т/час пара 1,5 ати (рис.3, 4).

Применение установок типа «ПОЛИКОР» улучшает экологические условия на территориях, где они располагаются, не только из-за отсутствия вредных выбросов, но и за счет очистки от неликвидной древесины. Территории, которые были заняты для хранения отходов, освобождаются и возвращаются в оборот. Возрастает объем товарной продукции, растут налоговые отчисления. Создаются новые рабочие места. Выработка собственного тепла позволяет отказаться от привозного топлива.

В.Г.Селеннов
д.т.н., член-корр. АЕН РФ, Генеральный директор ОАО "ВНИИ торфяной промышленности"

ТОРФ – КАК БИОТОПЛИВО И ЕГО ЗАПАСЫ НА СЕВЕРО-ЗАПАДЕ РОССИИ

Торф-это отложения органического происхождения, состоящие из остатков болотных растений (лиственных и хвойных деревьев, кустарников, трав, мхов), подвергшихся неполному разложению при ограниченном доступе воздуха.

По данным Международного торфяного общества наибольшие площади болот сосредоточены в России - 150 млн. га и в Канаде - 111 млн. га. Ежегодно на мировом рынке производится и продается торфа и торфяной продукции на сумму порядка 600 млн. долларов.

В России размещено более 40% мировых запасов торфа и мы занимали ведущее место по его добыче, переработке и экспорту. Но в настоящее время эти позиции утрачены и наиболее крупными производителями торфа и торфяной продукции являются Канада, Финляндия, Германия и Ирландия.

Направления использования торфа многогранны. Запасы торфа в России являются основой для решения проблем местной энергетики, повышения плодородия почв, экологических задач во всех техногенных отраслях промышленности, благоустройстве городов, коттеджном и поселковом строительстве, вопросах здравоохранения и жизнеобеспечения населения, экспорта торфа и торфяной продукции.

Общая характеристика торфяных ресурсов
России - Таблица 1

Экономический Район	Количество Месторожде-ний	Площадь, тыс. га	Запасы, млн. т	Из них разведано, млн. Т
Северный	7451	4486	14946,8	5799,6
Северо-Западн.	6197	1593,7	5720,7	3234,3
Калининградск. обл.	300	65,1	313,3	155,7
Центральный	12540	1284,3	4837,8	4023,1
Центрально-Черноземный	1028	30,9	122,1	106,4
Волго-Вятский	4043	468,7	1713,8	1485,9
Поволжский	1617	35,4	129,4	113,0
Уральский	4631	2663,2	10355,2	4502,8
Западно-Сибирский	5004	32474,2	113712,8	11113,8
Восточно-Сибирский	886	1401,9	3937,5	585,1
Дальневосточный	1062	2230,8	6629,7	2454,5
ВСЕГО	**44760**	**46734,2**	**162419,1**	**33574,2**

Устойчивое развитие и использование
биотоплива – путь к реализации Киотского протокола и
повышению комплексности использования древесины и торфа

Sustainable development and biofuel use as a way towards
the Kyoto protocol implementation and enhanced complex
utilization of wood raw material and peat

Как видно из таблицы, Россия обладает богатейшими запасами торфа, достаточно равномерно распределенными на ее территории.

На Северо-Западе России сосредоточены основные запасы торфа Европейской части страны - Таблица 2

Область	Площадь Месторождений тыс. га	Запасы, млн. т	Разведанные запасы, млн. т	Разрабатывае- мые и законсервиро ванные запасы, млн. т
Архангельская	1121,3	3748,7	850	28,5
Вологодская	1371,6	5563,0	3981	466,2
Калининградская	65,1	319,3	151,1	64,9
Карелия	706,1	2036,4	297,7	38,7
Коми	900,8	2684,6	644	79,8
Ленинградская	655,0	2050,9	1143,4	165,1
Мурманская	386,2	901,1	14,3	-
Новгородская	420,7	1506,0	837,0	232,0
Псковская	508,0	2012,3	1191,0	248,1
ИТОГО	**6144,8**	**20806,3**	**9110,2**	**1323,3**

К сожалению, мы не располагаем современными достоверными данными о действующих и законсервированных площадях по Северо-Западному региону кроме Псковской и Ленинградской областей. Но, основываясь на сведениях о действующей сырьевой базе рассматриваемых областей по состоянию на 01.01.1988 года, можно оценить потенциальные возможности региона по производству торфяной продукции.

К сожалению, мы не располагаем современными достоверными данными о действующих и законсервированных площадях по Северо-Западному региону кроме Псковской и Ленинградской областей. Но, основываясь на сведениях о действующей сырьевой базе рассматриваемых областей по состоянию на 01.01.1988 года, можно оценить потенциальные возможности региона по производству торфяной продукции.

➢ фрезерного топливного торфа - 1124 тыс. т;

➢ кускового торфа - 379 тыс. т;

➢ слаборазложившегося торфа на подстилку скоту, на экспорт и для выпуска товаров народного потребления- 820 тыс. т;

➢ торфа для компостирования и прямого внесения в почву - 738 тыс.

Анализ торфяных ресурсов Псковской области показал, что на торфяных месторождениях первой очереди (действующих и законсервированных) возможно добывать ежегодно:

➢ фрезерного топливного торфа - 1967 тыс. т;

➢ кускового торфа - 1480 тыс. т;

➢ слаборазложившегося торфа - 864 тыс. т.

Заметим, что годовая потребность Ленинградской области в кусковом торфе составляет порядка 500 тыс. тонн, что позволит практически полностью отказаться от завоза каменного угля на котельные ЖКХ.

Аналогичные данные можно представить и по остальным областям и республикам Северо-Запада.

*Устойчивое развитие и использование
биотоплива – путь к реализации Киотского протокола и
повышению комплексности использования древесины и торфа*

*Sustainable development and biofuel use as a way towards
the Kyoto protocol implementation and enhanced complex
utilization of wood raw material and peat*

Торфяные ресурсы региона, их количество, качество, расположение по территории, позволяют при разумном использовании существенно снизить напряженность топливного баланса в коммунально-бытовом секторе без ущерба для других направлений использования. Особенности торфяных ресурсов региона заключаются в том, в большинстве случаев производство одного из видов продукции невозможно без выпуска какого-либо другого. Практически всегда стоит вопрос о комплексном использовании торфяных месторождений.

Вторым и самым крупным направлением является использование торфа в сельском хозяйстве, куда ежегодно направляется более 70% добываемого в мире торфа. Третьим направлением является производство продукции переработки торфа для охраны окружающей среды, медицины и ряда других отраслей.

В некоторых странах торф рассматривается как биологическое топливо. При этом специалисты исходят из следующих положений. Первое - при сжигании торфа происходит минимальное выделение окиси серы, в значительно меньших количествах, чем при сжигании каменного угля и других видов твердых топлив. Во-вторых, торф относится к возобновляемым источникам энергии, т.к. его образование продолжается и сейчас. Если считать, что вертикальный прирост слоя торфа составляет 1 мм в год (практически больше), то на торфяных месторождениях России происходит увеличение количества торфа порядка 250 млн. Тонн условной 40% влажности.

Доля торфа в теплоэнергетике России ничтожна, хотя в качестве коммунально-бытового топлива он не уступает по калорийности дровам, бурому углю, сланцам, низкосортному каменному углю. (табл. 3).

Калорийность некоторых видов топлив (ккал/кг) - Таблица 3

Вид топлива	Каменный Уголь (Инта)	Бурый уголь (Подмоск)	Торфяной брикет	Торф кусковой	Торф фрезерн	Дрова
Низшая теплота	4100	1460	3600	2700	2100-	2500
сгорания	4900	4400	3900	3400	2600	

По данным ТЭК Ленинградской области в 1997 году стоимость 1 Гкал тепла, полученной в муниципальных котельных трех районов области на торфе уступала только стоимости, полученной на газе (табл. 4).

Стоимость 1 Гкал тепла, полученной на разных видах топлив, руб. - Таблица 4

Район	Газ	Уголь	Сланец	Электроэнергия	Торф
Бокситогорский	54,8-92,7	265,1	-	-	136,4
Тосненский	122,55	220,0	-	-	110,0
Тихвинский	90,42	265,1	206,4	145,9	140,4

Аналогичные данные получены в 2000 году Мосэнерго (табл. 5).

Устойчивое развитие и использование
биотоплива – путь к реализации Киотского протокола и
повышению комплексности использования древесины и торфа

Sustainable development and biofuel use as a way towards
the Kyoto protocol implementation and enhanced complex
utilization of wood raw material and peat

Стоимость 1 Гкал тепла, полученной на разных видах топлива, руб. - Таблица 5

Топливо	Стоимость 1 Гкал, руб.	%	Железнодорожный тариф, руб.
Торф	105,7	100	92,0
Бурый уголь (Тула)	150,3	142	48,6
Уголь Канско-Ачинский	110,8	105	283,0
Газ природный	72,0	68	-
Мазут	249,7	236	-

В 1997 году Ленинградская область закупила свыше 453 тыс. тонн каменного угля на сумму 182,2 млн. рублей. На закупку альтернативного количества кускового торфа потребовалось бы 95,5 млн. руб. Конечно при этом в торфяную промышленность - сектор по добыче коммунально-бытового топлива необходимо в течение трех лет вложить 120,6 млн. рублей на ремонт действующих, реконструкцию законсервированных производственных площадей, приобретение оборудования и 65 млн. руб. на реконструкцию котельных. Все эти затраты практически окупились бы за 2,2 года. При этом мы имели бы еще около 1200 рабочих мест и соответствующие отчисления в бюджет области.

Болота являются биоэкологическими системами, которые независимо от деятельности человека продолжают вертикальный прирост и трансгрессию (наступление) на территории. Это характерно и для Ленинградской области, где 60-65% болот продолжают развиваться и расти. Заболоченность территории Северо-Запада в целом составляет более 40%, Ленинградской области 42%. Это достаточно большая величина, показывающая масштабность и серьезность указанного явления. Заболоченность отдельных районов Ленинградской области приведена в табл. 6.

Заболоченность территорий административных районов Ленинградской области - Таблица 6

Районы области	Величина заболоченности, %	Площадь, км^2
Приозерский	5	180
Волосовский, Выборгский	15	1517
Подпорожский	35	2697
Гатчинский, Киришский, Кировский, Ломоносовский, Лужский, Лодейнопольский, Тосненский, Всеволожский, Бокситогорский	45	12583
Волховский, Кингиссепский, Сланцевский, Тихвинский	55	13433

По состоянию на 01.01.2000 г в Ленинградской области геологические запасы торфа на месторождениях площадью 100 га и более в промышленной границе составляют 2 050 898 тыс. т на площади 590 178 га (табл.2). Торфяные ресурсы имеются во всех административных районах (табл.6, 7). Почти половина геологических запасов торфа (47,7%) сосредоточена в 3-х восточных районах (Бокситогорском, Тихвинском и Волховском). Минимальные запасы торфа в Приозерском районе (0,6% от всех запасов области). Небольшими запасами обладают Волосовский и Ломоносовский районы (по 40,3 млн. т).

Из общего фонда на разрабатываемых месторождениях сосредоточено 18,7%, на первоочередных к разработке месторождениях 23,9%, в резервном фонде 35,5%, в охраняемом фонде 21,9%, в земельном фонде 4,3% и в запасном фонде - 6% запасов торфа области (табл.2).

Устойчивое развитие и использование
биотоплива – путь к реализации Киотского протокола и
повышению комплексности использования древесины и торфа

Sustainable development and biofuel use as a way towards
the Kyoto protocol implementation and enhanced complex
utilization of wood raw material and peat

Наиболее активно разрабатываются торфяные ресурсы в районах Волосовский, Всеволожский, Выборгский, Кировский, Ломоносовский и Приозерский. В этот список может быть отнесен Сланцевский район, где запасы торфа на разрабатываемых месторождениях составляют 40%.

В этом районе, в 1980 году, было введено в эксплуатацию крупное месторождение "Дубоемский Мох", на котором, в настоящее время, торф добывается на площади всего 330 га (из 8 346 га).

Слабо осваиваются торфяные ресурсы в Лодейнопольском, Киришском и Кингисеппском районах. Киришский район является лидером по охране болот (56,4% всех запасов района находится в охраняемом фонде или оформляются документы на охрану).

В Кингисеппском районе два крупных массива отнесены в запасной фонд: "Большой Мох" II (№ 1177) и "Пятницкий Мох" (№ 1116). На первом массиве размещен военный полигон, а второй находится в ведении комбината "Фосфорит". Запасы массива "Пятницкий Мох" уже в большом количестве уничтожены комбинатом в процессе вскрышных работ продуктивного пласта фосфоритных песков.

В целом по области принято к охране 22% запасов торфа. По районам картина очень пестрая. В Приозерском и Волосовском районах не охраняется ни одного объекта, а в Киришском районе охраняется 56,4% запасов торфа. Огромные величины охраняемых запасов торфа в Тосненском, Гатчинском и Лужском районах. В четырех районах величина охраняемых запасов менее 10%.

В ряде районов в охраняемый фонд включены только детально разведанные месторождения (Волховский, Лужский, Тихвинский районы). В ряде других районов детально разведанные месторождения в составе охраняемого фонда преобладают (Всеволожский - 83%, Ломоносовский - 64%, Тосненский - 50%). Отметим, что детальные разведки выполнялись на месторождениях наиболее близко и удобно расположенных относительно потребителей торфяной продукции и имеющих существенные запасы торфа лучших кондиций.

С.М. Шестаков
проф. д.т.н.
Научный совет по горению и взрыву РАН,
Санкт-Петербургский государственный технический университет

КОМПЛЕКСНОЕ ИСПОЛЬЗОВАНИЕ ЛЕСНЫХ РЕСУРСОВ С ЦЕЛЬЮ ПОЛУЧЕНИЯ ТЕПЛА И ЭЛЕКТРОЭНЕРГИИ, ПРАКТИЧЕСКАЯ РЕАЛИЗАЦИЯ

Введение

Глобализация проблем защиты окружающей среды, обеспокоенность мирового сообщества за будущее нашей планеты, решения конференций ООН - Стокгольм–72, Рио-де-Жанейро-92, Киото-97 –делают не только чрезвычайно актуальной тему настоящей конференции, но и позволяют найти практические, очень важные для северо-западного региона пути решения конкретных проблем сбалансированного развития. Они должны учитывать потенциал российской науки и практики (в частности, РАН и высшей школы), богатый прошлый опыт и новые экономические, экологические и социальные аспекты.

В частности, в данном докладе делается попытка рассмотреть вопрос комплексного использования возобновляемых лесных ресурсов для сокращения использования невозобновляемых органических топлив при производстве тепла и электроэнергии в северо-западном регионе, при одновременном повышении экономических и экологических характеристик энергетических установок и усилении энергонезависимости предприятий.

Имеющиеся научные проработки и опытно-промышленные установки позволяют РАН и техническим университетам обеспечить высокий технический уровень модернизации энергетических установок, квалифицированное научно-техническое сопровождение и наладку пилотных установок.

*Устойчивое развитие и использование
биотоплива – путь к реализации Киотского протокола и
повышению комплексности использования древесины и торфа*

*Sustainable development and biofuel use as a way towards
the Kyoto protocol implementation and enhanced complex
utilization of wood raw material and peat*

1. Комплексное использование лесных ресурсов.

Северо-западный регион России (Северо-западный федеральный округ), в который входят Ленинградская и Архангельская области, достаточно богат лесными ресурсами. Ориентировочно расчетная лесосека региона составляет около 86 млн. м^3/год, а фактический объем рубок – 30…35 млн. м^3/год, при выходе деловой древесины до 80%. Несмотря на наблюдаемое в последние годы достаточно стабильное развитие лесной и лесоперерабатывающей промышленности, комплексное использование древесины (выращивание, заготовка и переработка) организованы в России недостаточно эффективно. Множество древесных отходов, образующихся при рубках леса, не используются и остаются гнить в лесах, загрязняя окружающую среду. Целлюлозно-бумажная промышленность северо-западного региона не может переработать всю балансовую древесину и отходы лесопиления, что приводит к росту свалок древесных отходов.

Например, для Архангельской области при общем объеме заготовок древесины 12 млн. м^3/год, в лесах остается древесных отходов от 2,3 до 4,8 млн. пл. м^3/год (по разным данным), а при переработке древесины появляется еще от 1,8 до 4,4 млн. пл. м^3/год древесных отходов /1/. Если принять среднюю влажность древесных отходов $W^r = 55\%$, то энергетический потенциал древесных отходов (4,1…9,2 млн. пл. м^3/год) составит от 5,3 до 12 млн. Гкал/год, т.е. из них можно выработать 4…10 млн. Гкал тепловой энергии, т.е. обеспечить от 25 до 50% общих потребностей Архангельской области в тепле (19,2 млн. Гкал/год).

Аналогичная ситуация сложилась и в других областях северо-западного региона.

Кроме этого, при заготовках и сортировке появляется довольно большое количество нетоварной древесины, которую можно использовать в качестве топлива. Дополнительным источником древесного топлива является утилизация березовых балансов и низкокачественной осины. Количество осины постоянно увеличивается в лесах северо-западного региона, а заготовка ее практически отсутствует.

Используя зарубежный опыт, можно предусмотреть организацию специальных «энергетических плантаций» быстрорастущих пород деревьев, которые используются как энергетическое топливо.

Следует учесть, что большинство мелких котельных, сжигающих различные виды органического топлива, имеют низкий КПД (50…70%) и, следовательно, впустую сжигают значительное количество дорогого привозного топлива, что увеличивает нагрузку на местные бюджеты.

Целесообразно создать единую для Северо-западного федерального округа «Программу модернизации котельных» по замене «невозобновляемых» энергетических топлив (мазута и каменного угля) на «возобновляемые» древесные отходы с отработкой технологий на пилотных установках. Это позволит не только получить значительную экономию затрат на топливо, но и резко повысить экологические показатели установок.

По моему глубокому убеждению, энергетическая установка, термически перерабатывающая древесное топливо в тепловую и электрическую энергию (котельная или мини-ТЭЦ), должна являться неотъемлемым элементом рационального ведения лесного хозяйства. Избыточное количество древесных отходов может перерабатываться в пеллеты – подсушенное древесное топливо с высокой теплотой сгорания, которое с успехом может заменить дорогой дальнепривозной каменный уголь во многих муниципальных котельных. В некоторых случаях целесообразно термически перерабатывать древесные отходы в газогенераторный газ с целью замены природного газа.

Таким образом, древесные отходы и неделовая древесина являются дешевым местным возобновляемым топливом, которое в значительной степени поможет пополнить топливный баланс региона. Кроме этого, сжигание древесных отходов вместо невозобновляемых топлив улучшает экологическую обстановку в регионе.

Нужна концепция «неистощительного использования» лесного комплекса, реструктуризация его и сбалансированная, реальная стратегия эффективного развития конкурентноспособного лесопромышленного кластера с использованием древесины как топлива.

Устойчивое развитие и использование биотоплива – путь к реализации Киотского протокола и повышению комплексности использования древесины и торфа

Sustainable development and biofuel use as a way towards the Kyoto protocol implementation and enhanced complex utilization of wood raw material and peat

2. Перспективы изменения топливного баланса энергетики северо-западного региона.

В прошлом году на совместном заседании НТС РАО «ЕЭС России» и Научного совета РАН и с участием Минэнерго была выработана стратегия развития топливно-энергетического комплекса России до 2015 года, исходящая из резкого удорожания органического топлива /2/. К 2010 г. твердое топливо должно подорожать в 2,6 раза, природный газ – в 7,4 раза, что приблизит внутрироссийские цены на топливо к европейским и мировым ценам (рис.1). Исходя из этого РАО «ЕЭС России» предполагает значительную перестройку топливного баланса энергетики за счет: - дополнительной загрузки ТЭС, сжигающих уголь; - модернизации газо-угольных ТЭС на сжигание угля; - модернизации газо-мазутных ТЭС на высокоэффективные схемы ПГУ и ГТУ; - дополнительный ввод мощностей на угольных ТЭС и т.д. Изменение структуры топливного баланса к 2015 году (рис. 2) хорошо иллюстрирует это. По оценкам специалистов модернизация электростанций, запроектированных на уголь, но затем переведенных газ, а теперь снова - на сжигание угля, оказывается в 2,5…3 раза дешевле других вариантов.

Отсюда можно сделать вывод, что время дешевого природного газа в России закончилось, и энергетикам пора снова переходить к сжиганию твердого топлива, как более дешевого, и соответственно строить свою долгосрочную политику. Следует учитывать также, угрозу сокращения ресурсов природного газа, выделяемых в ближайшие годы Газпромом для электростанций и котельных.

Для повышения экологических показателей котлов, установленных на крупных ТЭЦ (например, ТЭЦ ЦБК) и сжигающих каменный уголь или лигнин, можно применить низкотемпературную вихревую технологию сжигания топлива (НТВ-технологию), разработанную кафедрой РиПГС СПбГТУ в трех модификациях: - без угрубления помола топлива; - с угрублением помола и - при сжигании дробленого топлива /3/. Она позволяет за счет многократной циркуляции частиц и газов, ступенчатого сжигания топлива, снижения температурного уровня в топке: - понизить шлакование топочных и конвективных поверхностей нагрева; - на 30% уменьшить образование NOx; - связать SOx и др. Срок окупаемости модернизации - менее 3 лет.

Не рассматривая подробно топливный баланс Северо-западного федерального округа, можно считать задачей первостепенной важности - использование местных дешевых топлив для покрытия (пусть даже частичного) топливного баланса каждого из его субъектов. К таким топливам можно отнести древесину и торф. Торф по международной классификации теперь тоже относится к возобновляемым топливам, однако, он имеет больший период для восстановления запасов, чем древесина. Кроме этого, добыча торфа связана с нарушением водного баланса местной экосистемы. В Ленинградской области в послевоенные годы добывалось значительное количество торфа, в основном – фрезерного, который являлся относительно недорогим топливом для котельных и электростанций. Однако в последние десятилетия эта отрасль пришла в полный упадок, в значительной степени из-за дешевизны природного газа. Даже рельсы «узкоколейки» сданы в утиль (например, в районе Рогавки-Огорелья).

Исходя из этого, в нашем достаточно лесном северо-западном регионе целесообразно локально использовать (везде, где можно) дешевое древесное топливо. Это дополнительно поможет обеспечить энергонезависимость небольших предприятий и муниципалитетов.

3. Основные типы установок для термической переработки древесных отходов.

В настоящее время для прямого сжигания древесных отходов и получения тепла используются в основном два типа топочных устройств - топки со свободно залегающим слоем и топки с «зажатым» слоем («скоростные топки» системы ЦКТИ-Померанцева).

Существует множество разновидностей топок со свободно залегающим слоем, с неподвижной и подвижной решетками, с ручным и механизированным обслуживанием. Они скомпонованы с различными водогрейными или паровыми котлами широкого диапазона мощности, от нескольких киловатт до нескольких мегаватт. Эти топки обычно достаточно неприхотливы к качеству топлива и квалификации обслуживающего персонала, имеют невысокие тепловые нагрузки (как правило до 500 кВт/м^2) и невысокие экономические показатели

Устойчивое развитие и использование
биотоплива – путь к реализации Киотского протокола и
повышению комплексности использования древесины и торфа

Sustainable development and biofuel use as a way towards
the Kyoto protocol implementation and enhanced complex
utilization of wood raw material and peat

(потери от недожога топлива до 48%). Использование механической подвижной решетки не только повышает КПД сгорания топлива (потери снижаются до 14%), но и создает комфортные условия эксплуатации установки, позволяет ее автоматизировать. (Некоторые из схем приведены на рис. 3).

Скоростные топки имеют высокие тепловые напряжения зоны горения (1500…3000 кВт/м^2); они компактны, недороги в изготовлении и просты эксплуатации. Потери от недожога топлива составляют менее 4%. Поэтому они нашли широкое применение в котельных установках для лесной и лесоперерабатывающей промышленности (например, для котлов типа ДКВР). В результате дополнительных исследований кафедра РиПГС СПбГТУ и НПО ЦКТИ могут предложить модернизированный вариант скоростной топки, имеющий повышенные экономические и экологические показатели.

Переход к рыночным отношениям привел к значительным колебаниям технических характеристик древесных отходов, которые подаются на сжигание. Влажность отходов может изменяться скачками в пределах W^r = 30…65%, гранулометрический состав - δ_{max} = 1…100 мм. В этих условиях менее теплонапряженные топки со свободно залегающим слоем оказываются более надежными, чем скоростные топки. Строить такие топки надо с учетом последних достижений топочной техники, полностью механизированными (и автоматизированными), с комфортными условиями для обслуживающего персонала.

При этом, как всегда, перед заказчиком стоит вопрос: автоматизация и комфорт или дешевизна? По моему мнению, в XXI веке России пора выбирать автоматизацию и комфорт, и платить за это.

4. Практическая реализация проектов

Одним из хороших примеров решения подобной задачи является проект шведской энергетической администрации (STEM) перевода котельной Лисинского лесхоза-техникума с мазута на древесные отходы /4/. В котельной были смонтированы новый водогрейный котел тепловой мощностью 2 МВт, система транспортировки древесного топлива и удаления золо-шлаковых отходов (рис. 4). Установка полностью автоматизирована и выполнена по европейским стандартам. Это предопределило достаточно высокую ее стоимость. Пятилетняя эксплуатация установки в Лисино показала надежность ее элементов; позволила техникуму выработать около 25600 MWh, съэкономить около 2700 тонн дорогого мазута, а также резко снизить выбросы вредных веществ в атмосферу (примерно): - NO_2 - на 5 тонн; - SO_2 - на 70 тонн; - CO_2 - на 8040 тонн.

Более крупный проект с использованием долгосрочного кредита STEM (под низкий процент) реализуется в настоящее время концерном ORIMI при модернизации двух котлов ДКВР-10-13 Ильинского лесопильного завода (ИЛЗ) в Карелии (исполнитель – фирма Tamult). Целями модернизации являются повышение эффективности производства и снижение загрязнения окружающей среды. Модернизация позволит: - исключить мазут из топливного баланса предприятия; - полностью утилизировать собственные древесные отходы для выработки тепла; - продавать излишки тепла сторонним потребителям; – обеспечить надежное теплоснабжение поселка; - начать ликвидацию образовавшихся ранее свалок древесных отходов. Расчетный объем распиливаемого сырья – 220000 пл. м^3/год. Количество древесных отходов – 55000 пл. м^3/год; из них опилок и отсева щепы - 35000 пл.м^3/год, коры - 22000 пл.м^3/год, что эквивалентно выработке 61598 Гкал/год (71638 МВтч/год) тепловой энергии (с учетом разной теплоты сгорания коры и опилок). Годовое потребление в тепловой энергии (согласно поставленным целям) составляет 70000 Гкал/год ≈ 81400 МВтч/год. Таким образом, для покрытия годовых тепловых нагрузок необходимо к древесным отходам, получаемым на ИЛЗ, добавлять отходы со свалки, в количестве, определяемом их теплотехническими характеристиками, и при этом полностью отказаться от мазута как топлива. Дополнительно поставлена задача замены части импортного оборудования, необходимого для модернизации, на отечественное, при сохранении высокой степени надежности установки. Стоимость контракта подписанного со STEM – около 1150000 DEM, срок окупаемости – около 5 лет.

*Устойчивое развитие и использование
биотоплива – путь к реализации Киотского протокола и
повышению комплексности использования древесины и торфа*

*Sustainable development and biofuel use as a way towards
the Kyoto protocol implementation and enhanced complex
utilization of wood raw material and peat*

Пуск котлов после модернизации предполагается провести в октябре-ноябре 2001 г. Успешная реализация проекта на ИЛЗ должна позволить отработать элементы кооперации отечественных и зарубежных изготовителей, снизить общую стоимость модернизации, отработать типовые узлы установки. Этот опыт предполагается использовать в других проектах, при модернизации аналогичных установок, в большом количестве имеющихся в нашем регионе.

Следует особо отметить, что в этом проекте удачно сочетаются интересы частной фирмы – снизить затраты при производстве продукции (лесоматериалов), муниципалитета – удешевить и стабилизировать теплоснабжение поселка, экологов – защита окружающей среды и STEM – реализация пунктов Киотского протокола. Этот проект можно рассматривать как пилотный для северо-западного региона и отработать на нем технические, правовые и финансовые вопросы.

5. Двухступенчатая термическая переработка древесных отходов в газогенераторах. Создание мини-ТЭЦ. Производство пеллеток.

Газогенераторы.
Отдельным вопросом стоит термическая переработка древесных отходов в газогенераторах. (Рис. 5.). Она может применяться для снижения выбросов вредных веществ в атмосферу и получения чистого газового топлива, правда, с относительно низкой теплотой сгорания – Q^d_i = 4,5...11 МДж/нм³. Технологию этого процесса можно считать отработанной. В частности, в СПбГТУ, РАН, СПбГТУРП, ЛТА и др. проведены работы, позволяющие строить такие газогенераторы. Фирма БИОНЕР (и ряд других) поставляет такие установки. Однако стоимость газогенераторной установки оказывается достаточно высокой и сроки окупаемости - большими.

С учетом перспектив роста стоимости природного газа (о чем говорилось выше) экономически оправданным является вариант перевода котлов, сжигающих природный газ, на сжигание газогенераторного газа. В этом случае, кроме установки газогенератора, необходима реконструкция только газовых горелок котла. Срок окупаемости такого проекта будет менее 3 лет.

Мини-ТЭЦ.
Комбинированная выработка тепла и электроэнергии на ТЭЦ, широко применяемая в России, давно признана как наиболее удачная схема. Это означает, что целесообразно рассмотреть возможность применения ее при модернизации котельных и превращение их в мини-ТЭЦ. Ввиду предстоящего удорожания топлива *прямое сжигание природного газа в котельных установках любой мощности должно быть постепенно прекращено.* Природный газ может использоваться как топливо только в схемах с парогазовыми или газотурбинными установками (с котлами-утилизаторами). В зависимости от типа установок КПД при производстве электрической энергии может быть повышен с 35...40% до 50...60%. Это обеспечит значительную экономию топлива, сократит расходы бюджета и одновременно резко понизит выбросы вредных газов в атмосферу.

Для северо-западного региона целесообразно разработать варианты мини-ТЭЦ на древесных отходах с выработкой электроэнергии с помощью паровой или газовой турбин. Они могут быть блочно-модульными, унифицированными, с оптимальным использованием российских и импортных компонентов. Такие установки будут иметь значительные капитальные затраты и относительно большой срок окупаемости, но позволят обеспечить энергонезависимость предприятия от внешних источников энергии, что очень важно в настоящее время. При продаже электроэнергии и тепла сторонним потребителям срок окупаемости проекта будет сокращаться.

Устойчивое развитие и использование
биотоплива – путь к реализации Киотского протокола и
повышению комплексности использования древесины и торфа

Sustainable development and biofuel use as a way towards
the Kyoto protocol implementation and enhanced complex
utilization of wood raw material and peat

Изготовление пеллеток (Pellet).

При наличии избытка древесных отходов на деревоперерабатывающем предприятии, целесообразно организовать изготовление из отходов искусственного топлива - подсушенных прессованных частиц - пеллеток (Pellet) с размерами $\delta \approx 20...35$ мм и теплотой сгорания $Q^r_i = 3700...4300$ ккал/кг ($15,5...18$ МДж/кг). По предварительным оценкам стоимость установки будет составлять около 550 тыс. USD на 10000 тонн пеллеток. Срок окупаемости может составить от 3,5 до 5 лет, в зависимости от темпов роста стоимости природного топлива. Исходя из сырьевой базы, по-видимому, наиболее оптимальным вариантом для северо-западного региона будет цех (завод) с производительностью около 20000 т/год.

Пеллетки могут быть использованы в качестве топлива для муниципальных котельных (вместо каменного угля), для коттеджей (как это делается, например, в Швеции). Сжигание пеллеток повышает экологические показатели котельных установок, улучшает условия их обслуживания, снижает зависимость пользователя от дальнепривозного топлива.

В связи с ужесточением конкуренции (в том числе и экспортной) для заготовителей и переработчиков леса северо-западного региона целесообразно организовать собственное производство и поставку пеллеток в другие регионы России и в Европу. Это повысит рентабельность и конкурентноспособность основного производства.

6. Источники финансирования. Человеческие ресурсы

Источники финансирования.

Для реализации «Программы модернизации котельных» должны быть привлечены достаточно большие финансовые средства и на достаточно большие сроки. Рассчитывать на бюджеты субъектов округа не приходится.

По-видимому, необходимые инвестиции должны складываться: - из собственных средств предприятий, например, - до 50% сметной стоимости проекта; - средств из регионального или федерального бюджетов - до 25%;- кредитов отечественных или зарубежных банков. Условия кредита должны быть льготными: - срок – до 10 лет, - отсрочка по выплатам процентов - 2 года, - процентная ставка – не более $7...10$ % годовых. При большем проценте администрация региона (или области) должна гарантировать заемщику возмещение оплаты части процентов коммерческим банкам для снижения процентной ставки до уровня ставки рефинансирования ЦБ России. Без такой кооперации, в одиночку, ни государственные структуры, ни частные фирмы не смогут реализовать столь важную для региона программу.

Концепция экспорта из региона биотоплива, если ее примет руководство Северо-западного федерального округа, может оказать значительную помощь при реализации такой программы. Например, доходы Финляндии от экспорта лесной продукции (включая экспорт круглого леса) соответствуют приблизительно 30% стоимости общенационального экспорта.

Налоговые льготы могут явиться дополнительным источником финансирования для предприятий и фирм любой формы собственности, использующих биотопливо (древесные отходы) для производства тепловой и электрической энергии. Для этого необходимо разработать правовую основу- поправки к соответствующим законам и провести их через региональные парламенты (или даже через Государственную думу РФ).

Человеческие ресурсы.

При реализации этой программы, для эксплуатации высокотехничных установок потребуется подготовка соответствующих специалистов высокой квалификации и переподготовка существующего персонала. С этой задачей могут успешно справиться технические университеты Санкт-Петербурга, например, - СПбГТУ, СПбГТУ РП, ЛТА и др., имеющие высококвалифицированных преподавателей в этой области. Возможно использование Лисинского лесхоза-техникума, где смонтирована автоматизированная котельная установка на древесных отходах, в качестве базы для получения слушателями практических навыков управления такими установками.

Устойчивое развитие и использование
биотоплива – путь к реализации Киотского протокола и
повышению комплексности использования древесины и торфа

Sustainable development and biofuel use as a way towards
the Kyoto protocol implementation and enhanced complex
*utilization of wood raw material and **peat***

Форма обучения, система оплаты и другие вопросы могут быть решены в рабочем порядке, при безусловной поддержке (моральной и финансовой) от руководства Федерального северо-западного округа и Ленинградской области.

Отдельно следует подчеркнуть <u>социальные аспекты</u> «Программы модернизации котельных» для региона. Во-первых,- создание новых рабочих мест при заготовке и переработке древесного топлива; причем создаваться они будут в местностях с высокой степенью безработицы. Во-вторых,- повышение энергообеспеченности и комфорта населения. В-третьих,- улучшение среды обитания, снижение загрязнения окружающей среды.

7. Выводы.

Целесообразно разработать общую для Северо-западного федерального округа <u>«Программу модернизации котельных»</u> с целью повышения их экономических и экологических показателей за счет замены «невозобновляемых» энергетических топлив (мазута и каменного угля) на «возобновляемые» древесные отходы с отработкой технологий на пилотных установках. В программе должен быть учтен социальный аспект - создание новых рабочих мест, повышение энергообеспеченности и комфорта населения. Разработку программы надо проводить совместно с Научным советом по горению и взрыву РАН, с техническими университетами Санкт-Петербурга, с проектными и другими необходимыми организациями. Имеющиеся научные проработки и опытно-промышленные установки позволяют РАН и техническим университетам обеспечить высокий технический уровень модернизации котельных, квалифицированное научно-техническое сопровождение и наладку пилотных установок.

Для реализации столь важной для региона «Программы модернизации котельных» необходима кооперация инвестиций: - из собственных средств предприятий; - средств из регионального или федерального бюджетов; - кредитов отечественных или зарубежных банков. Условия кредита должны быть льготными.

Необходимо разработать поправки к соответствующим законам о налоговых льготах для предприятий и фирм любой формы собственности, использующих биотопливо (древесные отходы) для производства тепловой и электрической энергии, и провести их через региональные парламенты или через Государственную думу РФ. Это позволит резко повысить шанс успешно реализовать «Программу модернизации котельных».

Подготовку высококвалифицированных специалистов и переподготовку существующего персонала, необходимых для эксплуатации модернизированных котельных установок, могут успешно провести технические университеты Санкт-Петербурга, например,: СПбГТУ, СПбГТУ РП, и др.

Целесообразно подготовить региональную программу формирования климатических проектов (согласно Киотскому протоколу к Рамочной конвенции ООН по изменению климата) и придании Северо-западному федеральному округу статуса пилотного региона для отработки механизма ранней торговли квотами на выбросы «парниковых газов».

8. Список использованных источников

Материалы международной научно-практической конференции «Перспективы раннего использования механизма Киотского протокола к Рамочной конвенции ООН по изменению климата для реализации проектов в сфере энергетики и энергосбережения: роль пилотных регионов России», Архангельск, 27 февраля – 2 марта, 2001 г. – Архангельск, АОЦЭЭ, 2001.

О топливной политике в энергетике. (Хроника) // Электрические станции, 2000. - № 8. – С. 53-61.

Шестаков С.М. Низкотемпературная вихревая технология сжигания дробленого топлива в котлах как метод защиты окружающей среды. - Автореферат дисс. на соиск. уч. степени д.т.н. – СПб.: Изд-во СПбГТУ, 1999. – 40 с.

Устойчивое развитие и использование
биотоплива – путь к реализации Киотского протокола и
повышению комплексности использования древесины и торфа

Sustainable development and biofuel use as a way towards
the Kyoto protocol implementation and enhanced complex
utilization of wood raw material and peat

Шестаков С.М., Тринченко А.А., Козырев Р.С. Анализ целесообразности перевода мазутных и угольных котельных на сжигание древесных отходов // Научно-практическая конференция: Внедрение современных технологий энергосбережения в промышленность и коммунальное хозяйство. Тезисы докладов. Санкт-Петербург, 24-26 октября 2000 г.. - СПб, . - С. 70-76.

Тепляков В.К.,
Координатор Лесной программы
Представительство IUCN –
Всемирного Союза Охраны
Природы для стран СНГ

Victor K. Teplyakov, Ph.D.
Forest Programme Coordinator
IUCN Office for CIS

КИОТСКИЙ ПРОТОКОЛ И РОССИЙСКИЕ ЛЕСА

«Важность и необходимость использования и повышения защитных функций леса становится особенно значительной в наше время - в век урбанизации и индустриализации - в связи с необходимостью улучшения внешней среды, окружающей человека, устранения опасности кислородного голодания, катастрофического загрязнения атмосферного воздуха и воды» (И.С.Мелехов[1])

В последнее время проблема Киотского протокол приобрела особое звучание, в связи с чем 18 июня с.г были специально проведены парламентские слушани; К сожалению, на них в очередной раз не нашлось мест более глубокому обсуждению проблемы поглотителе парниковых газов, в частности - лесам

Планетарное значение лесов, основной строительный материал которых - диоксид углерода, известна не только специалистам. Леса оказывают полезное воздействие на все природные сферы: атмосферу, гидросферу, почву, животный мир, человека. Леса формируют климат, и их влияние простирается далеко за пределы территорий, на которых они произрастают.

Многочисленные исследования[2] показали, что наиболее экономичным естественным образованием, связывающим на длительный срок углерод из атмосферы, является лесная растительность.

Длительное время считалось, что наибольший вклад в продуцирование биомассы на планете и, следовательно, в динамике углерода вносит Мировой океан (около 80%). В результате выполнения в 1957-1967 гг. Международной биологической программы «Человек и биосфера» установлено почти прямо противоположное соотношение: суша, составляющая менее 30% поверхности Земли производит почти 2/3 биомассы.[3]

KYOTO PROTOCOL AND RUSSIAN FOREST

'The importance and necessity of use and increase of preserving forest functions become especially important during our time, during the century of urbanization and industrialization, due to the necessity to improve the environment, which surrounds human beings, and to eliminate the threat of oxygen deficiency, catastrophic pollution of atmosphere and water' (I. S. Melekhov[1]).

Lately, the Kyoto Protocol issue gained special attention, which led to special Russian Federation State Duma hearings on 18 June 2001. Unfortunately, yet again, there was no deep discussion about the problems of greenhouse gas absorbers, especially forests

The global value of forest, the basis for the building material of which is carbon dioxide, is known not only to the specialists. Forests have positive effects on all natural levels: atmosphere, hydrosphere, soil, fauna, human beings. Forests form a climate, and their influence extends far beyond the territories where they grow.

Years of research[2] showed that the most cost-effective natural phenomenon, which accumulates on long-term basis carbon dioxide from atmosphere, is forest vegetation.

For a long time it was considered that the most input in biomass production on the planet, and consequently in the carbon dynamics, is brought by the World Ocean (around 80%). As the result of carrying out the International Biological Program "Man and the Biosphere" in 1957-1967 almost opposite was established: land, which makes up 30% of the Earth's surface, produces almost 2/3 of the biomass.[3]

Устойчивое развитие и использование
биотоплива – путь к реализации Киотского протокола и
повышению комплексности использования древесины и торфа

Sustainable development and biofuel use as a way towards
the Kyoto protocol implementation and enhanced complex
utilization of wood raw material and peat

Уэттекер[4] оценивал чистую первичную продукцию и биомассу растений в главных экосистемах Земли почти в 100%, отводя океанам и морям лишь 4 из 1841 млрд. тонн мировой биомассы. При этом, доля лесов оценивалась в 1650 млрд. тонн, или 90%. Следует также отметить, что мировая чистая первичная продукция составляет 170 млрд. тонн в год, из которых на долю суши приходится 115 млрд. тонн (68%), а лесов - 73 млрд. тонн (63,5% от производимой сушей и 43% от мировой).

Проблема

Баланс парниковых газов, в первую очередь – содержание углерода в атмосфере. Рамочная конвенция ООН об изменении климата (РКИК) принята в Рио-де-Жанейро 9 мая 1992 года и вступила в силу 21 марта 1994 года. Количественные обязательства стран по снижению выброса парниковых газов были закреплены Киотским Протоколом РКИК, принятым в конце 1997 года. Согласно Протоколу, развитые страны должны к 2008-2012 гг. снизить выбросы парниковых газов на 5%.

Статья 4.2.с Рамочной конвенцией ООН об изменении климата гласит, что «при расчете уровней выбросов и стоков парниковых газов следует руководствоваться наилучшими научными знаниями, в том числе о емкости поглотителей...» В статье статья 4.1.d Конвенции леса рассматриваются как глобальный поглотитель и накопитель парниковых газов, в том числе углерода из атмосферы. Справочно: углекислый газ (CO_2) является основным парниковым газом, на долю которого приходится около 80% парникового эффекта.

Выбросы парниковых газов по оценкам специалистов распределялись по странам в 1990 году следующим образом (см. Диаграмму).

Whittaker[4] during his evaluations gave nearly 100% to pure primary product and plant biomass of the main ecosystems of the Earth, leaving 4 out of 1841 billions tons of the world's biomass to oceans and seas. Thus the forest fraction was evaluated to be 1650 billion tons, or 90%. It is also necessary to note that the global pure primary product makes up to 170 billions tons annually, out of which 115 is land product (68%), and forests 73 billion tons (63.5% out of the land produced and 43% out of global).

The issue

The balance of greenhouse gases, first of all – the contents of carbon dioxide in the atmosphere. UN Framework Convention on Climate Change was adopted in Rio-de-Janeiro on May 9, 1992 and became effective on 21 March 1994. The quantitative obligations of countries to decrease the let of greenhouse gases were fixed by Kyoto Protocol, adopted at the end of 1997. According to the Protocol, the developed countries by 2008-2012 have to lower their emissions of greenhouse gases by 5%.

The article 4.2.c of the UN Framework Convention on Climate Change states, that "...calculations of emissions by sources and removals by sinks of greenhouse gases for the purposes of subparagraph (b) above should take into account the best available scientific knowledge, including of the effective capacity of sinks and the respective contributions of such gases to climate change." In the article 4.1.d of the Convention forests are seen as global absorbent and storage of greenhouse gases, including carbon dioxide from atmosphere. For reference: carbon dioxide (CO_2) is the main greenhouse gas, which causes about 80 % of all greenhouse effect.

According to the specialists, the amount of greenhouse gases emission in 1990 was as follows (see the diagram).

Устойчивое развитие и использование
биотоплива – путь к реализации Киотского протокола и
повышению комплексности использования древесины и торфа

Sustainable development and biofuel use as a way towards
the Kyoto protocol implementation and enhanced complex
utilization of wood raw material and peat

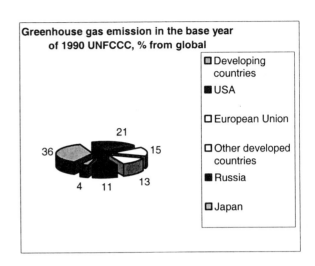

Потенциал России

Леса России, составляющие более 22% площади лесов мира и более 60% бореальных лесов[7] должны получить соответствующее отражение в мировом переговорном процессе по РКИК и Киотскому Протоколу, особенно в отношении учета стоков CO_2.

По оценкам специалистов, Россия производит в год 8 – 8,5 млрд. т кислорода, потребляя на свои нужды около 3,5-4 млрд. тонн. Российские леса дают примерно 4,5-6,5 млрд. т кислорода, ежегодно накапливая 350-450 млн. т углерода. По некоторым оценкам, запас ежегодно связываемого углерода в бореальных лесных экосистемах составляет 707 млн. тонн, причем на долю России приходится 75%.[8]

Общий запас углерода, связанного в лесном фонде составляет 36-48 млрд. тонн. Различие в оценках обусловлено методиками подсчета и неопределенностью допущений относительно накопления углерода в мортмассе и потерь углерода за счет экзогенной эмиссии, связанной с воздействием лесных пожаров, вредителей и болезней леса, фитотоксичных загрязнений атмосферы, разложением отходов древесины в процессе лесоразработок, деревообработки и т.п.

В связи с этим, требует научной проработки проблема оценки вклада отдельных областей и регионов в глобальный углеродный цикл. Например, по расчетам специалистов ВНИИЦлесресурс, в отдельных малолесных районах России нетто-сток углерода даже в лесах отрицательный.

Russia's potential

Russian forests, which take up 22% of the world's forest territories and more than 60% of the world's boreal forests,[7] have to be accordingly reflected in the global negotiating process on UNFCCC and Kyoto Protocol, especially concerning CO_2 deposition accounting.

According to the specialists, annually Russia produces 8-8.5 billion tons of oxygen, while using around 3.5-4 billion tons for its needs. Russian forests provide around 4.5-6.5 billion tons of oxygen, annually storing 350-450 million tons of carbon. According to some statistics, the storage of annual carbon deposition in boreal forest ecosystems make up 707 million tons, 75% of which is in Russia.[8]

The total carbon storage in the forest fund is 36-48 billion tons. The difference in estimations is determined by the techniques of calculating and the uncertainty of allowances in relation to the storage of carbon in mortmass and losses of carbon dioxide due to exogenic emission, in relation to effect of forest fires, pests and forest diseases, phyto-toxical air pollution, disintegrating of timber waste during timber processing, woodworking etc.

Thus, it is necessary to scientifically work through the problem of evaluation of the input of different territories and regions into the global carbon circle. For example, according to the calculations of ARICFR specialists, in some regions with small forest territories the net-storage of carbon, even in forests, is negative.

Устойчивое развитие и использование
биотоплива – путь к реализации Киотского протокола и
повышению комплексности использования древесины и торфа

Sustainable development and biofuel use as a way towards
the Kyoto protocol implementation and enhanced complex
utilization of wood raw material and peat

Что мешает России реализовать свой лесной потенциал

Российские эксперты неоднократно высказывали мнение до и после Киото о том, что Статья 3.3. Киотского протокола ставит Россию в невыгодное положение, в связи с принятием 1990 в качестве "базисного года". Это связано, в первую очередь, с глобальным влиянием российских лесов на содержание кислорода в атмосфере, который, как известно, потребляется при сжигании всех видов ископаемого топлива – угля, газа, нефтепродуктов, а также древесины и ее производных. Справочно: при сжигании 1 тонны условного топлива в атмосферу выбрасывается 2,76 тонны CO_2 и потребляется 2,3 тонны кислорода, для природного газа, соответственно – 1,62 и 2,35 тонн.

Интенсивность связывания лесами углерода тесно коррелирует с характером лесопользования, лесовосстановления, лесоразведения, охраной лесов от пожаров и другими факторами.

Лесопользование. Допустимый размер рубки в лесах России с начала 1960-х до 1990 г. составлял чуть более 600 млн. га в год, а в 2000 г. – 550 млн. га. Фактический объем рубки с начала 1960-х до 1990 г. варьировал от 330 до 285 млн. куб. м в год, с тенденцией к снижению. Последние 10 лет наблюдается резкое падение объемов лесозаготовок с 285 до 95-117 млн. куб. м в год, т.е. в 3 раза. Фактически используется только 23% от расчетной лесосеки (возможного объема заготовки древесины).

Снижение объемов лесозаготовок само по себе существенно не влияет на эмиссию углерода, хотя ощутимо повлияло на экономическую и социальную сферы страны (недополучение товарной древесины и продуктов из нее, сокращение рабочих мест и т.д.). Наращивание объема лесозаготовок в рамках допустимого пользования и замена спелых и перестойных лесов на молодые даст эмиссию углерода на первом этапе и интенсивное поглощение за счет большего прироста в молодых насаждениях.

Падение объема лесозаготовок привело к уменьшению площади вырубок. В некоторых регионах остались очень незначительные площади так называемого лесокультурного фонда, хотя в целом по стране он достаточно велик – около 90 млн. га. Лесовосстановление и лесоразведение в отдельных органах управления лесами начали проводить уже не на вырубках, а по неудобным землям, под пологом естественных редин и т.д.

What stops Russia from implementing its forest potential

Russian experts have voiced their opinions several times, before and after Kyoto, about the fact that Article 3.3 of the Kyoto Protocol puts Russia into an unprofitable situation due to 1990 being adopted as a basis year. First of all it is related to the global impact of Russian forests on the oxygen contents in the atmosphere, which, as it is known, is absorbed during burning of all types of fossil fuels – coal, gas, petroleum, as well as timber and its derivatives. For the reference: while burning 1 ton of conventional fuel, the atmosphere receives 2,76 tons of CO_2 and 2.3 tons of oxygen is absorbed, for natural gas, accordingly – 1,62 and 2,35 ton.

The intensity of carbon deposition by forests correlates with the forest use characteristics (deforestation), reforestation, afforestation, forest fire control and other factors.

Forest use. The allowable annual cut (AAC) of forests in Russia from beginning of 1960's until 1990 was a little bit over 600 million ha, and 550 million hectares in 2000. Actual volume of forest removal from the beginning of 1960's until 1990 varied from 330 to 285 million cubic meters annually, with a tendency to decrease. During the last decade there is a dramatic decrease of timber harvesting volumes from 285 to 95-117 million cubic meters a year, i.e. by 3 times. Only 23% of AAC is actually being used.

The decrease of timber harvesting volumes itself does not essentially influence carbon emission, though it has influenced economical and social spheres in the country (decrease of commodity timber and products from it, reduction of jobs etc.) Increasing the volume of timber harvesting in the frames of AAC and replacement of mature and overmature forests with young forest will lead to carbon emission during the first stage and intensive absorption due to big timber volume increment in young plantations.

The decrease of timber harvesting led to reduction of clear-cut areas. In some regions there are small areas of so-called forest restoration fund left, though overall in the country it is fairly big, around 90 million ha.

Устойчивое развитие и использование
биотоплива – путь к реализации Киотского протокола и
повышению комплексности использования древесины и торфа

Sustainable development and biofuel use as a way towards
the Kyoto protocol implementation and enhanced complex
utilization of wood raw material and peat

Лесовосстановление. Лесовосстановление является составной частью государственной стратегии Российской Федерации по охране окружающей среды. В течение 1970-1990 гг. ежегодно в России лесовосстановление осуществлялось на площади 1.7 - 1.9 млн. га. С падением объемов лесозаготовок, уменьшились и площади лесовосстановления - до 1.1 - 1.4 млн. гектаров. По данным государственного учета лесного фонда, не покрытые лесной растительностью земли занимают в России 104,4 млн. га, которые преимущественно расположены труднодоступных и малоосвоенных районах Дальнего Востока (более 50%), Восточной Сибири (39%) и Западной Сибири (около 5%). Таким образом, на европейско-уральский район, где ведутся основные лесозаготовки и проживает 4/5 населения страны, приходится около 6% непокрытых лесом земель.

Федеральной целевой программой "Леса России" на 1997-2000 гг. предусматривалось провести лесовосстановление на площади 4.6 млн. га, в том числе посевом и посадкой леса - 1.3 млн. га и путем содействия естественному возобновлению - 3.3 млн. га.

Лесоразведение. По расчетам специалистов, в отдельных малолесных районах России нетто-сток углерода в лесах отрицательный. Только массовая посадка новых лесов и лесных полос позволит исправить положение. В соответствии с научно обоснованными нормами для защиты сельхозугодий от засух, суховеев, водной и ветровой эрозии требуется 14 млн. га лесных насаждений. Имеется только 3.1 млн. га. В соответствии с Федеральной комплексной программой «Повышение плодородия почв» в 1997-2000 гг. предусматривалось создать лесные насаждения на площади около 700 тыс. га. В 2000 г. в рамках программы новые леса посажены на площади 25,2 тыс.га.

Таким образом, в России имеется огромный потенциал увеличения площади лесных насаждений как в многолесной зоне путем лесовосстановления и содействия естественному лесовозобновлению, так и в малолесной зоне путем защитного лесоразведения. Леса, посаженные после 1990 года, уже можно рассматривать как вклад России в увеличение стока углерода в рамках Киотского протокола.

Reforestation. Reforestation is a constituent of the state policy of Russian Federation on environmental protection. During 1970-1990 annually in Russia reforestation was carried out on the area of 1.7 - 1.9 million ha. Due to decrease of forest harvesting volumes, the area of reforestation has also dropped to 1.1-1.4 million ha. According to the data of the State Forest Fund Account, in Russia non-forest lands comprise 104.4 million ha, most of which are located in hard-to-reach and underdeveloped regions of Far East (more than 50%), East Siberia (39%) and West Siberia (around 5%). Thus, in the European-Ural region non-forested lands make up 6% of the territory, while most of forest harvesting and 4/5 of the country's population are located there.

The Federal Target Program "Forests of Russia" for years 1997-2000 planned to conduct forest restoration on the area 4.6 million ha, 1.3 million ha of forest planting and 3.3 million ha – support of natural forest regeneration.

Afforestation. According to the specialists, in some regions of Russia, which are scarce of forests, net storage of carbon is negative. Only immense planting of new forests and forest bands will fix the situation. According to scientifically justified standards for farmland protection against droughts, water and wind erosion 14 million ha of forest plantation is required. Only 3.1 million ha is available. According to the Federal Complex Program "Increase of Soil Fertility" in 1997-2000 it was planned to create forest plantations on the area of about 700 thousand hectares. In 2000 within the framework of the program new forests are planted on the area of 25,2 thousand hectares.

Thus, in Russia there is a huge potential to increase forest plantation areas in a heavily forested zone by reforestation and support of natural forest regeneration as well as in scarcely forested zone by afforestation. Forests planted after 1990, can already be considered as a Russian contribution to carbon storage increase in the framework of Kyoto Protocol.

*Устойчивое развитие и использование
биотоплива – путь к реализации Киотского протокола и
повышению комплексности использования древесины и торфа*

*Sustainable development and biofuel use as a way towards
the Kyoto protocol implementation and enhanced complex
utilization of wood raw material and peat*

Охрана лесов от пожаров. Это ни что иное как охрана поглотителей парниковых газов. В рассматриваемой проблеме данный компонент очень специфичен для России. Сохранение от огня 5 га лесов по затратам примерно соответствует 1 га посаженного леса. Косвенный эффект неизмеримо выше, так как значительно уменьшается объем эмиссий от пожаров в атмосферу, сохраняется продуцирующий лес, связывающий углерод и сохраняющий окружающую среду. Площадь, пройденная пожарами, составляет в среднем по России около 400-700 тыс. га в год, а в отдельные годы до 2 и более млн. гектаров. В России в том или ином виде всегда существовала государственная программа по охране лесов от пожаров, но и она не дает желаемых результатов из-за скудного бюджетного финансирования. В 2000 г. возникло 18 тыс. лесных пожаров, что в 1,5 раза меньше, чем в 1999 г., но площадь, пройденная ими, увеличилась в 1,8 раза и составила около 2 млн.га. Помимо прямого ущерба, который оценивается почти в 4 млрд. руб., существует и косвенный ущерб, намного превышающий прямой.

Учет лесных ресурсов и лесоустройство. Большие споры вызывает проблема методики учета накопления углерода лесными насаждениями. С широким использованием ГИС-технологий в лесном хозяйстве появляется возможность начать активные работы по определению углеродного пула при лесоустройстве отдельных лесничеств и лесхозов, в том числе и по основным лесообразующим породам. На региональном уровне обобщения можно будет проводить при учете лесного фонда, в соответствии с национальными Критериями и индикаторами устойчивого управления лесами (критерий 4, индикатор 4.7). Существуют и другие инструменты, позволяющие с некоторым приближением ежегодно определять скорость накопления углерода лесными экосистемами.

Финансирование. Отсутствие средств на выполнение мероприятий, заложенных в государственные и федеральные программы, а также малая привлекательность для инвестиций в лесной сектор ставят перед Россией в качестве одной из целей использовать Киотский протокол для пополнения источников средств на проведение работ по охране лесов от пожаров, лесовосстановлению и лесоразведению. Примеры инвестирования в лесное хозяйство есть: в частности российско-американский проект РУСАФОР в Саратовской обл., проект по содействию естественному возобновлению в Вологодской области и другие. К числу таких

Forest fire control. Forest protection from fires is nothing else than protection of greenhouse gases absorbers. Given component is very specific to Russia. Costs to protect 5 ha of forests from fire approximately equals to 1 ha of a newly planted forest. The indirect effect is greater, due to better protection volume of emissions from fires into atmosphere considerably decreases, and the producing forest, which fixes carbon and protects the environment, is saved. On the average, the areas passed by fires in Russia make up 400-700 thousand ha per year, during some years they can make up to 2 and more million ha. In Russia in some or another way a state program on forest fire protection has always been present, but it also does not give the desirable results due to small financing from state budget. In 2000 there were 18 thousands forest fires, which is 1.5 times less than in 1999, but the area, passed by fires, increased by 1.8 times and has reached 2 million ha. Apart from direct damage, which is estimated to be almost 4 billion rubles, there is also an indirect damage, which is greater than the direct one.

The forest resources inventory and forest management planning. The issue on the technique of registration of carbon storage by forest ecosystems causes large disputes. With broad use of GIS-technologies in forestry there is a possibility to begin activities on defining carbon pool during forest management planning for separate forest management units and districts, including the main forest species. On the regional level it will be possible to conduct overviews along with the state forest fund accounting, with respect to the national Criteria and Indicators on Sustainable Forest Management (criteria 4, indicator 4.7). There are also other tools, which allow estimating the annual speed of carbon storage by forest ecosystems.

Financing. Lack of budgetary funding for carrying out activities, which are planned by state and federal programs, as well as small attractiveness of investments into the forest sector induces Russia to use Kyoto Protocol to fill up the financial resources to carry out activities such as forest fire protection, reforestation and afforestation. There are some examples of investments into forestry: Russian-American project RUSAFOR in Saratov oblast, the project on support of natural regeneration in the Vologda area and others. One of such projects is "Forest", carried out in a number of Subjects of

Устойчивое развитие и использование
биотоплива – путь к реализации Киотского протокола и
повышению комплексности использования древесины и торфа

Sustainable development and biofuel use as a way towards
the Kyoto protocol implementation and enhanced complex
utilization of wood raw material and peat

проектов следует отнести и проект «Форест», осуществляемый в ряде регионов Сибири и Дальнего Востока при финансовой поддержке Американского агентства международного развития (объем финансирования – 20 млн. долларов США).

Russian Federation in Siberia and the Far East, financially supported by the US Agency of International Development (20 million US dollars for 5-6 years).

Пути решения проблемы

Ways to solve the problems

Помимо сокращения объемов выброса парниковых газов, последовательно добиваться включения всех лесов страны при подсчете баланса парниковых газов, включая углерод и накопления углерода лесными экосистемами;

Besides decreasing the volumes of greenhouse gas emissions, consistently move towards including all Russian forests while calculating the balance of greenhouse gases, including carbon and its storage by the forest ecosystems;

Внести на обсуждение вопрос о потреблении кислорода, рассматривая кислород как один из параметров в торговле квотами на выброс парниковых газов;

Include the issue on oxygen consumption in the discussion, regarding oxygen as one of the parameters in trading quotas on greenhouse gas emissions;

В механизмах совместного осуществления проектов по Киотскому протоколу особо выделить леса;

In the mechanism of joint implementation under the Kyoto Protocol, put an extra stress on forests;

Увеличить объемы лесопользования в спелых и перестойных насаждениях, тем самым увеличить скорость накопления углерода за счет интенсивного прироста в молодых насаждениях. При этом, следует учесть, что заготовка древесины приравнивается Протоколом к эмиссии углерода;

Increase the use volume in mature and overmature forests, thus increasing the speed of carbon storage at the account of intensive growth of young plantations. However, it is necessary to note that timber harvesting is qualified by the Protocol as carbon emission;

Увеличить объемы работ по лесовосстановлению и лесоразведению.

Enhance reforestation and afforestation.

Сократить потери от лесных пожаров, которые помимо прямых потерь древесины и снижения биологического разнообразия территорий, влекут большие по масштабам выбросы продуктов горения в атмосферу.

Decrease the losses from forest fires, which cause big volumes of burning products to be released into the atmosphere on top of direct losses of timber and lowering the biodiversity in the region.

Произвести необходимое инвестирование в лесную генетику и селекцию (вариант – генную инженерию) для создания быстрорастущих лесных насаждений, соответствующих климатическим условия России.

Make necessary investments into forest genetics and selection to design fast growing forest plantations in correspondence with the climate conditions in Russia.

Что даст России решение проблемы

What will give a solution of the problem for Russia

Более справедливое решение проблемы «выбросы – накопление» углерода;

A more fair solution of the "emission-storage" problem of carbon;

Увеличение скорости депонирования углерода и выделения кислорода лесными экосистемами за счет замены спелых и перестойных лесов на молодые леса;

Increase in the speed of carbon deposition and oxygen release by forest ecosystems at the expense of replacement mature and overmature forests with young forests;

Устойчивое развитие и использование
биотоплива – путь к реализации Киотского протокола и
повышению комплексности использования древесины и торфа

Sustainable development and biofuel use as a way towards
the Kyoto protocol implementation and enhanced complex
utilization of wood raw material and peat

Новые инвестиционные проекты в лесном секторе в рамках проектов совместного осуществления, в частности, в области лесовосстановления, лесоразведения, охраны лесов от пожаров, глубокой переработки древесины, лесной генетики и селекции;

Сохранить и увеличить не только природный потенциал России за счет возобновляемых ресурсов, но и количество рабочих мест, улучшить социальный климат во многих регионах России;

В заключение следует отметить, что леса следует в исторической перспективе рассматривать в качестве основного глобального депозитария углерода. С этих позиций, в первую очередь следует оценить роль лесов России и их вклад в глобальные циклы углерода и кислорода. В связи с этим обеспечение устойчивого управления, использования, охраны, защиты и воспроизводства лесных ресурсов России является не только национальной, но и глобальной задачей.

New investment projects in the forest sector within the framework of joint projects implementation, in particular, in the area reforestation, afforestation, forest fire protection, deeper timber processing, forest genetics and selection;

Preserve and increase not only potential of Russia's nature at the expense of renewed resources, but also the number on jobs, improve the social atmosphere in many regions of Russia;

In conclusion, it is necessary to note that in the historical perspective forests should be viewed as the main global carbon storage. From this perspective, first of all it is necessary to evaluate the role of Russian forests and their input into the global carbon and oxygen cycles. In relation to this, provision of sustainable management, exploitation, conservation, protection and restoration of forest resources in Russia are not only National, but also a global goal.

Ю.А. Рундыгин, К.А. Григорьев,
В.Е. Скудицкий, А.П. Токунов,
А.Н. Цивилев
Санкт-Петербургский государственный
технический университет

СЖИГАНИЕ ДРЕВЕСНЫХ ОТХОДОВ С ИСПОЛЬЗОВАНИЕМ ВИХРЕВЫХ ТЕХНОЛОГИЙ

Энергетическое использование ресурсов растительных биомасс сегодня привлекает внимание энергетиков всего мира. Ежегодный прирост растительной биомассы несет энергию в $(1,75...2,2) \cdot 10^{21}$ Дж, т.е. эквивалентен энергии более, чем 40 млрд. тонн нефти. Биомассы органически вписываются в экологическую систему планеты и являются возобновляемым и экологически чистым энергоресурсом. Наибольший интерес для энергетического использования представляют отходы растительных биомасс. Это, в первую очередь, отходы древесины (лесосечные, кора, гидролизный лигнин и т.п.), а также отходы переработки сельскохозяйственных культур (лузга, рисовая шелуха, стебли хлопчатника, касторового кустарника, подсолнухов, кукурузы, отходы сахарного тростника, сорго и т.п.). Энергетический потенциал отходов биомасс для покрытия энергетических нужд используется пока слабо и с низкой эффективностью, в то время как вклад биомасс в решение энергетических и экологических проблем может быть значительным.

Работа по обобщению и исследованию характеристик и свойств растительных биомасс ведется на кафедре РиПГС СПбГТУ уже около 20 лет. За эти годы накоплен обширный материал, обобщающий характеристики: древесины, различных видов древесных отходов, багассо, гидролизного лигнина, соломы хлопка, касторового кустарника, лузги, соломы и шелухи риса и др. При этом выполнено обобщение по следующим показателям: элементарному составу, техническим характеристикам, теплофизическим свойствам, кинетическим характеристикам термолиза и горения кокса. Особое место занимало исследование и обобщение данных по гранулометрическому составу, форме и аэродинамическим характеристикам частиц биотоплив. Накопленный материал позволил подойти к разработке технологий подготовки и сжигания указанных биотоплив. На основе расчета и численного моделирования топочных процессов (аэродинамики, движения частиц, различных стадий горения топлива) предложены конструкции топок.

Устойчивое развитие и использование
биотоплива – путь к реализации Киотского протокола и
повышению комплексности использования древесины и торфа

Sustainable development and biofuel use as a way towards
the Kyoto protocol implementation and enhanced complex
utilization of wood raw material and peat

Основными характеристиками биотоплив, затрудняющими их использование в энергетике, являются влажность и гранулометрический состав. Так, например, влажность гидролизного лигнина на рабочую массу (W_t^r) в зависимости от технологических условий может колебаться от 50 до 80 %. Обычно среднюю расчетную влажность принимают 60...65 %. Отходы мокрой окорки имеют исходную влажность 70...85 %, а после отжима — 50...60 %. При сухой окорке W_t^r = 40...45 %. Влажность щепы и отходов лесопиления составляет 45...50 %.

Основными характеристиками биотоплив, затрудняющими их использование в энергетике, являются влажность и гранулометрический состав. Так, например, влажность гидролизного лигнина на рабочую массу (W_t^r) в зависимости от технологических условий может колебаться от 50 до 80 %. Обычно среднюю расчетную влажность принимают 60...65 %. Отходы мокрой окорки имеют исходную влажность 70...85 %, а после отжима — 50...60 %. При сухой окорке W_t^r = 40...45 %. Влажность щепы и отходов лесопиления составляет 45...50 %.

Гидролизный лигнин после завершения технологического цикла имеет следующий гранулометрический состав: остаток на сите 90 мкм — R_{90} = 90...98 %; остаток на сите 200 мкм — R_{200} = 65...85 %; остаток на сите 1 мм — R_{1000} = 15...45 % и максимальные размеры частиц (d_{max}) примерно 50 мм. Таким образом, лигнин является измельченным материалом, практически не имеющим крупных включений.

Иная картина с отходами окорки и лесопиления. Частицы, проходящие сквозь сито 5 мм, составляют всего 5...10 %. Эти отходы могут иметь включения по длине до 1000 мм. Куски с размерами более 200 мм (в одном измерении) могут составлять 15...25 % по массе.

Указанные различия во влажности и гранулометрическом составе отходов явились главной причиной создания в СССР различных котлов для утилизации лигнина, отходов окорки, отходов лесопиления.

Для сжигания лигнина были разработаны котлы Е-50-24 и Е-75-39 с камерным сжиганием лигнина в прямоточном факеле. Котлы снабжены индивидуальными полуразомкнутыми пылеприготовительными системами (ППС) с мельницами-вентиляторами (МВ) и сушкой топлива горячими дымовыми газами.

Для сжигания отходов окорки и лесопиления были созданы котлы КМ-75-40, которые получили широкое распространение на ТЭЦ лесоперерабатывающих предприятий. Для сжигания коры и древесных отходов в них используется комбинированное топочное устройство, состоящее из предтопка (в котором находятся неподвижная наклонная и подвижная горизонтальная цепная колосниковые решетки) и призматической камеры дожигания и охлаждения газов. Однако опыт эксплуатации этих котлов показал, что они имеют низкую надежность и экономичность.

В создавшихся условиях ГКНТ СССР в 1985 году разработал специальную программу по модернизации и созданию котлов для энергетического использования древесных отходов. В работах по этой программе активное участие приняла отраслевая лаборатория по топочным устройствам, организованная в 1985 году на базе кафедры РиПГС СПбГТУ (науч. рук. — проф. Рундыгин Ю.А.).

В основу совершенствования сжигания древесных отходов была заложена технология низкотемпературного вихревого (НТВ) сжигания, разработанная на кафедре РиПГС.

Эта технология обладает высокой стабильностью воспламенения и горения топлива, даже при его удельной теплоте сгорания Q_i^r = 4...5 МДж/кг и влажности W_t^r до 60 %; проста в управлении и эксплуатации; не требует установки высоконапорных дутьевых устройств; не требует больших затрат при модернизации существующего котельного оборудования с организацией НТВ сжигания; обладает хорошими экологическими показателями (NO_x = 80...200 мг/нм^3); обеспечивает высокую экономичность котельных агрегатов.

Устойчивое развитие и использование
биотоплива – путь к реализации Киотского протокола и
повышению комплексности использования древесины и торфа

Sustainable development and biofuel use as a way towards
the Kyoto protocol implementation and enhanced complex
utilization of wood raw material and peat

В 1984-1987 годах были выполнены работы по проверке НТВ сжигания гидролизного лигнина на котле Е-75-40К ТЭЦ Киришского БХЗ. Работы выполнялись СПбГТУ (отраслевой лабораторией) с участием в испытаниях ПНУ СЗЭМ, ВНИИГИДРОЛИЗ и НПО ЦКТИ.

В результате выполненных исследований была практически доказана эффективность НТВ сжигания лигнина (влажность биотоплива составляла 60...70 %): сокращены ограничения по сжиганию лигнина, существовавшие ранее; полностью устранен провал топлива в шлаковый комод; повышен КПД котла на 2...3 %; вдвое снижены выбросы NO_x; снижены затраты резервного топлива на подсветку. Вначале эти работы выполнялись при существующей системе пылеприготовления (индивидуальная полуразомкнутая ППС с МВ и сушкой дымовыми газами). Однако, когда НТВ технология позволила устранить указанные выше проблемы, главным сдерживающим фактором оказались ППС. На котле №1 ТЭЦ Киришского БХЗ в 1986-1987 годах была опробована система безмельничной подачи лигнина в вихревую топку. Была доказана возможность безмельничного вихревого сжигания лигнина. При этом технико-экономические показатели котла возросли на 0,5...2,0 % по сравнению со сжиганием молотого лигнина. Завершению работ помешало решение о закрытии гидролизного производства на Киришском БХЗ вследствие неблагоприятной экологической ситуации в г. Кириши.

Технология НТВ сжигания гидролизного лигнина также была использована в 1988-1989 годах при модернизации (совместно с ПО "БЗЭМ") котла Е-50-24 Кедайняйского БХЗ (котел №1). Схема модернизированного котла Е-50-24 Кедайняйского БХЗ представлена на рис. 1.

Межведомственные испытания этого котла (СПбГТУ, ПНУ СЗЭМ, ВНИИГИДРОЛИЗ, ПО "БЗЭМ", Кедайняйский БХЗ, НПО ЦКТИ), выполненные в 1989 году после наработки 7000 часов, и анализ эксплуатационных показателей котла с момента его пуска подтвердили надежную и высокоэффективную работу котла. Межведомственная комиссия в акте приемки головного котла Е-50-24-НТВ с безмельничным сжиганием лигнина подтвердила следующие преимущества данного котла:

➢ повышенная надежность системы подачи топлива и ее взрывобезопасность;

➢ меньшая стоимость котельной установки;

➢ сокращены на 1/3 затраты на собственные нужды в связи с упрощением системы подготовки и подачи топлива;

➢ снижены монтажные, ремонтные и эксплуатационные затраты;

➢ уменьшены требуемая площадь и объем котельной, необходимые для установки оборудования;

➢ выбросы NO_x снижены на 40 % (при сохранении подсветки мазутом до 10...30 % по теплу).

В акте приемки межведомственная комиссия рекомендовала принять принципы, осуществленные в данном котле, в качестве базовых для проектирования серийных котлов для сжигания гидролизного лигнина.

При сжигании лигнина с влажностью W_t^r = 60...65 % КПД (брутто) котла составил 85...87,8 %. В ходе последующих исследований вскрыты дополнительные резервы повышения экономичности котла и снижения расхода мазута до 10...15 % (по теплу). Результаты этой работы были использованы при модернизации двух котлов на Онежском ГЗ и двух котлов на Братском БХЗ.

На большинстве деревоперерабатывающих предприятий России сегодня отсутствует система сортировки и подготовки к сжиганию коры и древесных отходов. Это создает значительные трудности и является главной причиной неудовлетворительной работы котельно-топочного оборудования на древесных отходах. Учитывая отсутствие должной подготовки коры и отходов лесопиления были начаты работы с использованием схемы с предтопками для термической подготовки топлива.

Устойчивое развитие и использование
биотоплива – путь к реализации Киотского протокола и
повышению комплексности использования древесины и торфа

Sustainable development and biofuel use as a way towards
the Kyoto protocol implementation and enhanced complex
utilization of wood raw material and peat

Схема НТВ сжигания с предтопком для термической подготовки коры и древесных отходов была осуществлена на котлах № 2, 3, 4 ТЭЦ-1 Архангельского ЦБК. Принципы организации топочного процесса были разработаны СПбГТУ совместно с Архангельским ЛТИ (Любов В.К.). В данной схеме используется сочетание слоевого предтопка с обращенным дутьем и вихревой топки. Схема модернизации топок котлов № 2, 3, 4 ТЭЦ-1 Архангельского ЦБК представлена на рис. 2.

Топочные устройства этого типа показали эффективную и надежную работу даже в условиях отсутствия мазутной подсветки. Сдерживающим фактором является подача (сход) топлива в системе каскадно-лотковых рукавов. При повышении влажности топлива и увеличении крупномерных включений возможны "зависания" топлива. Другим отрицательным фактором на котлах, переведенных на НТВ технологию сжигания, является снижение перегрева пара, вследствие повышения тепловосприятия топки и снижения температуры газов на выходе из топки при переходе к вихревому сжиганию. Это может быть устранено использованием комбинированной (радиационно-конвективной) схемы пароперегревателя.

Изложенный опыт совершенствования сжигания древесных отходов (лигнин, кора, и пр.) использован для разработки типовых решений по модернизации котлов с использованием НТВ сжигания и при создании новых котлов. При этом использованы наиболее эффективные технические решения по конфигурации топок и конструкции отдельных элементов топки, проверенные в практике НТВ сжигания низкосортных высоковлажных топлив в последние годы.

Вихревая технология может быть использована для сжигания рядовых древесных отходов в котлах малой мощности (типа ДКВр, КЕ) промышленных и отопительных котельных. СПбГТУ разработан принцип сжигания, заключающийся в сочетании высокофорсированной топки скоростного горения с зажатым слоем и вихревой камеры дожигания. Такой метод сжигания в значительной мере снимает ограничения по содержанию мелочи (опилок, стружки) в сжигаемом топливе и сохраняет преимущества и простоту топки с зажатым слоем.

Головной котел с использованием слое-вихревой топки (по схеме СПбГТУ) введен в эксплуатацию в котельной 4-го микрорайона г. Приозерска. За период эксплуатации (с апреля 2001 г.) проверена работа котла при широком изменении гранулометрического состава топлива, влажности и зольности. Указанные характеристики топлива изменялись в следующем диапазоне: полный остаток на сите 10 мм — $R_{10} = 8...60\%$; влажность — $W_t^r = 48...68\%$; зольность — $A^r = 0,4...6\%$.

Работа слое-вихревой топки показала, что даже при отсутствии подогрева поступающего на горение воздуха, обеспечивается устойчивая работа при высоком содержании опилок (до 70...75 %) в сжигаемом топливе, при влажности топлива до 55...58 % и содержании крупных включений размером до 100 мм.

В настоящее время проводятся испытания и исследования с целью оптимизации конструктивных и режимных условий организации топочного процесса.

До конца 2001 г. предполагается ввести в эксплуатацию еще несколько котлов со слое-вихревым сжиганием древесных отходов по схеме СПбГТУ.

Устойчивое развитие и использование
биотоплива – путь к реализации Киотского протокола и
повышению комплексности использования древесины и торфа

Sustainable development and biofuel use as a way towards
the Kyoto protocol implementation and enhanced complex
utilization of wood raw material and peat

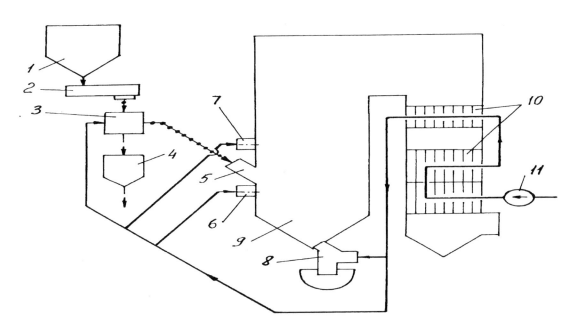

Рис. 1. Схема котлоагрегата Е-50-24 Кедайняйского биохимзавода, переведенного на НТВ сжигание немолотого гидролизного лигнина:

1 — бункер сырого топлива;

2 — питатель сырого топлива;

3 — устройство подачи топлива к горелкам;

4 — бункер-сборник для нетопливных включений;

5 — лигниновая горелка;

6, 7 — нижняя и верхняя мазутные горелки, соответственно;

8 — устройство подачи вторичного воздуха (нижнее дутье);

9 — вихревая камера сгорания;

10 — воздухоподогреватель;

11 — дутьевой вентилятор.

Устойчивое развитие и использование
биотоплива – путь к реализации Киотского протокола и
повышению комплексности использования древесины и торфа

Sustainable development and biofuel use as a way towards
the Kyoto protocol implementation and enhanced complex
utilization of wood raw material and peat

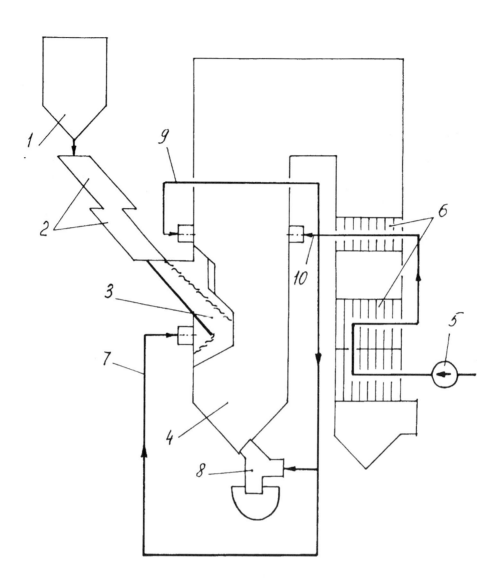

Рис. 2. Схема модернизации котла для сжигания отжатой коры
при отсутствии измельчающих корорубок:

1 — бункер топлива;

2 — каскадно-лотковый топливный рукав;

3 — предтопок скоростного горения;

4 — вихревая камера сгорания;

5 — дутьевой вентилятор;

6 — воздухоподогреватель;

7 — первичный воздух;

8 — устройство подачи вторичного воздуха (нижнее дутье);

9, 10 — третичный воздух (фронтовой и задний, соответственно).

Устойчивое развитие и использование
биотоплива – путь к реализации Киотского протокола и
повышению комплексности использования древесины и торфа

Sustainable development and biofuel use as a way towards
the Kyoto protocol implementation and enhanced complex
utilization of wood raw material and peat

Леонтьев А.К., *профессор, д.т. н.*

Смоляков А.Ф., *доцент, к. т. н.*

ГАЗОГЕНЕРАТОРЫ И ИХ ИСПОЛЬЗОВАНИЕ ДЛЯ МЕСТНОГО ЭНЕРГОСНАБЖЕНИЯ

Разработка технических мероприятий, лучшающих энергоснабжение лесных отраслей народного хозяйства и бытового сектора, становится все более актуальной задачей в связи с трудностями обеспечения многих регионов страны привозным твердым, жидким и газообразным топливом.

Существенного улучшения регионального энергоснабжения можно добиться путем использования в качестве топлива и энергоносителя искусственного газообразного топлива, получаемого в простых технических устройствах (газогенераторах) в результате переработки местного топлива и различного вида древесных и других горючих отходов (кора, опилки, стружка, навоз и т. п.).

О преимуществах использования газообразного топлива.

Газообразное топливо является во многих отношениях более удобным для использования, чем твердое топливо (уголь, торф, древесина). Например, газообразное топливо можно передавать на большие расстояния по трубопроводам с меньшими затратами и без потерь; газообразное топливо с большей тепловой эффективностью, чем твердое, может быть использовано для энергетических целей (сжигание в топках) или для технологических операций (сушка, варка, выпаривание и т. п.); газогенераторное топливо удобнее использовать в быту для отопления, приготовления пищи, нагревания воды; технология сжигания газообразного топлива проще, чем твердого, и легко поддается автоматизации; продукты сжигания газообразного топлива меньше загрязняют поверхности нагрева и окружающую среду; газообразное топливо может быть использовано в транспортных установках.

Указанные преимущества газообразного топлива могут существенно изменить в лучшую сторону социально-бытовые условия жизни и производственные условия работников лесных отраслей народного хозяйства Российской Федерации, помогут закрепить кадры, уменьшить их текучесть и, в конечном счете, приведут к общему увеличению производительности труда.

О методах получения искусственного газообразного топлива.

Газообразное топливо может быть получено в виде ископаемого естественного природного газа или в виде искусственного газа в результате переработки ископаемых твердых топлив (растительность и отходы ее переработки).

В настоящее время в связи с истощаемостью запасов природного газа газообразное топливо (прогнозы определяют сроки истощения разведанных запасов в 40-50 лет) все большее распространение получают газогенераторные установки для выработки искусственного газа из ископаемых твердых топлив, разведанные запасы которых достаточны для эксплуатации в течение 200-300 лет. Применительно к условиям обеспечения газообразным топливом лесоизбыточных регионов страны целесообразно получать искусственный газ путем термохимичееской переработки дровяного топлива, древесных и других горючих отходов, а также местного ископаемого топлива - торфа.

Интенсивная разработка и использование различных конструкций стационарных и транспортных газогенераторов на твердом топливе проводились у нас в стране в 40-50 годах. В частности, были разработаны различные конструкции газогенераторов для получения искусственного газа по прямому способу термохимической переработки древесного топлива, когда получаемый газ содержал в большом количестве продукты термического разложения древесины в виде паров различных смол и кислот. Такой газ мог быть использован как для получения некоторых химических продуктов, так и для энергетических целей. Необходимость очистки газа от коррозийно-активных паров кислот и смол существенно повышала стоимость газа, затрудняла его использование в теплоэнергетических установках и не привела к широкому внедрению стационарных газогенераторов, работающих по прямому процессу, в лесную отрасль народного хозяйства.

Устойчивое развитие и использование
биотоплива – путь к реализации Киотского протокола и
повышению комплексности использования древесины и торфа

Sustainable development and biofuel use as a way towards
the Kyoto protocol implementation and enhanced complex
utilization of wood raw material and peat

В это же примерно время в ЦНИИМЭ и НАТИ были разработаны малогабаритные газогенераторы на специальном сухом древесном топливе, работающие по принципу обращенного процесса термохимической переработки, когда воздух для горения древесины подавался в средней части газогенератора, а снизу отбирался свободный от смол и паров кислот чистый газ, который затем использовался в качестве топлива для сжигания в цилиндрах двигателей внутреннего сгорания транспортных и стационарных установок без сложной дополнительной очистки.

Как известно, в годы войны и первые послевоенные годы был налажен массовый выпуск транспортных газогенераторов обращенного процесса на специальном сухом древесном топливе (чурке) и большое количество передвижных установок (автомобилей, тракторов, судов) работало на дровах.

В силу ряда причин (открытие новых месторождений нефти и газа, дороговизна специального сухого древесного топлива, сложность обслуживания транспортных газогенераторов и т. п.) в 60-ых годах весь парк передвижных средств был переведен на жидкое топливо, а опыт создания и эксплуатации газогенераторов «обращенного дутья» был постепенно забыт.

В 70-ых годах в связи с увеличением стоимости добычи высококалорийных ископаемых видов топлива (нефть, газ) возродился интерес к получению удобных для использования искусственных видов топлив (жидкое, газообразное) из низкокачественных твердых топлив (уголь, сланцы, дрова), непосредственное сжигание которых связано с рядом технических сложностей и приводит к сильному загрязнению окружающей среды.

В Ленинградской ордена Ленина лесотехнической академии имени С.М. Кирова (кафедра теплотехники и ТСУ, научный руководитель, профессор, доктор технических наук А.К. Леонтьев, отв. Исполнитель, доцент, кандидат технических наук А.Ф. Смоляков) в 1983-84 годах разработана и изготовлена стационарная опытно-промышленная установка для получения генераторного газа из древесных полифракционных отходов по-вышенной влажности по методу «обращенного дутья» тепловой мощностью 1 МВт по сжиганию газа.

В 1985-86 годах были проведены успешные испытания этой установки и получен генераторный газ, который может быть использован далее в качестве удобного для сжигания топлива в различных технологических (сушилки) и энергетических (топки паровых котлов) установки. Газогенератор получил в 1988 году серебряную медаль ВДНХ. С 1988 года на Медвежьегорском лесозаводе проходил испытания газогенератор тепловой мощностью 3 МВт.

В настоящее время на кафедре теплотехники и теплосиловых установок разрабатывается лабораторная модель газогенераторной установки для получения искусственного газа термолиза древесины с теплотой сгорания до 20 мДж/н м^3. Такой газ может быть использован как для бытовых нужд, так и для сжигания в передвижных двигателях внутреннего сгорания.

Материально-техническое обеспечение перехода на газообразное топливо.

А) Переход на газообразное искусственное топливо необходимо осуществить, прежде всего, в лесозаготовительной и деревообрабатывающей отраслях народного хозяйства, предприятия которых расположены вблизи мест произрастания древесины и где получается основное количество древесных отходов.

Предполагая использовать для получения искусственного газа, прежде всего древесные отходы, необходимо оценить, хотя бы ориентировочно, их количество и тепловой эквивалент.

В США древесное топливо (в том числе отходы) составляет 25% от объема переработки древесины или 13% от объема вывозки леса. По приблизительным оценкам в 1973 году сумма лесосечных и деревообрабатывающих отходов в США составляла около 150 млн. тонн. По оценкам профессора Г.И.

Устойчивое развитие и использование
биотоплива – путь к реализации Киотского протокола и
повышению комплексности использования древесины и торфа

Sustainable development and biofuel use as a way towards
the Kyoto protocol implementation and enhanced complex
utilization of wood raw material and peat

Воробьева, ежегодный размер древесных отходов на всех стадиях заготовки и переработки древесины достигали в СССР примерно 150 млн. п. м^3. При общем объеме заготовленной древесины в СССР в количестве около 400 млн. п. м^3 и объем отходов, таким образом, составляет более 30%, что примерно соответствует относительному объему отходов в США.

Если принять в качестве сугубо ориентировочной цифры объем «некондиционных» отходов в количестве 70-75 млн. п. м^3 в год, то такое количество древесных отходов эквивалентно примерно 25-30 млн. тонн условного топлива. Годовая потребность всех предприятий лесной отрасли в тепловой энергии в 1988 году составила 28 млн. тонн условного топлива и, таким образом, только за счет имеющихся древесных отходов возможно полное обеспечение энергией всех предприятий лесной отрасли народного хозяйства.

Мы не рассматриваем здесь чисто технические сложности, связанные с технологией сбора и первичной переработки, непрерывно возобновляемых древесных (особенно лесосечных) отходов, поскольку при увеличении стоимости и исчерпаемости запасов ископаемых видов топлива (нефти, газа) эти сложности, несомненно, будут преодолены.

Уже в ближайшее время целесообразно рассмотреть вопрос о самообеспечении лесной отрасли народного хозяйства России тепловой (а возможно и электрической) энергией. Лесная отрасль может (и должна) обеспечить себя топливом за счет растительности - единственного вида возобновляемого ресурса. Это обеспечение может идти как за счет древесных отходов и целевого выделения части заготавливаемой древесины только на топливо, так и за счет создания специальных энергетических (топливных) плантаций, как это уже делается, например, в Швеции, США, Финляндии и других странах.

Б) По данным Гипролестранса в настоящее время в лесозаготовительной отрасли лесного хозяйства работает более 1000 паровых и водогрейных котлов 130 типов различных конструкций и мощностей. В основном, тепло в виде горячей воды идет на отопление поселков, а в виде пара - на технологические нужды. Топливо - мазут, уголь, ПГ и, частично, дрова, и древесные отходы. Большинство котлов морально и технически устарело, имеет низкий коэффициент полезного действия и непрерывно ремонтируется. Все топливное энергохозяйство отрасли требует срочной модернизации.

По нашему мнению, существенный прогресс в энергоснабжении отрасли может быть сделан при переходе от сжигания привозного угля и мазута на сжигание газообразного искусственного топлива, получаемого из древесных отходов. В качестве первого шага, по-видимому, целесообразна замена имеющихся устаревших котлов на существующие современные котлы под газообразное топливо; в дальнейшем целесообразно вообще отказаться в лесозаготовительной и деревообрабатывающей отраслях народного хозяйства от сложных в эксплуатации паровых и водогрейных котлов и вместо пара и горячей воды полностью перейти на новый энергоноситель - искусственное газовое топливо, непосредственно используемое для технологических и бытовых нужд.

Замена энергоносителя позволит осуществить качественное изменение структуры технологического и бытового теплоснабжения в отрасли, высвободить обслуживающий персонал, улучшить культуру производства, социально-бытовые условия жизни трудящихся и увеличить привлекательность профессий лесозаготовителей и деревообработчиков.

В настоящее время в нашей стране выпускается разнообразное теплотехническое оборудование, использующее, в основном, природный газ в качестве топлива.

Газо-мазутные котлы типа Е (ДЕ) для получения насыщенного слабоперегретого пара для технических нужд изготавливаются Бийском котельным заводом паропроизводительностью от 4 до 25 тонн пара/час на давление 1,4 и 2,4 МПа (14 и 25 атм.). Котлы предназначены для работы на природном газе и мазуте.

Газо-мазутные водогрейные котлы типа КВ-ГМ для получения горячей воды с температурой 150-200°С и теплопроизводительностью от 4 до 100 Гкал/час выпускается Дорогобужским котельным заводом. Котлы используют в качестве топлива мазут и природный газ.

Устойчивое развитие и использование
биотоплива – путь к реализации Киотского протокола и
повышению комплексности использования древесины и торфа

Sustainable development and biofuel use as a way towards
the Kyoto protocol implementation and enhanced complex
utilization of wood raw material and peat

Для работы на генераторном газе необходимо переоборудование горелочных устройств котлов.

Различного рода сушильные установки для сушки древесины и изделий из нее, работающие на природном газовом топливе, конструкции Гипродрев и ЦНИИФ получили широкое распространение в лесной промышленности. Для перевода этих сушилок на генераторный газ потребуется некоторая переделка топочной камеры.

Бытовая водогрейная аппаратура, работающая на природном газе, выпускается серийно. Существуют бытовые нагревательные печи, использующие газ в качестве топлива.

По-видимому, без больших технических сложностей можно изменить конструкцию бытовых плит для приготовления пищи под использование специального генераторного газа с повышенной теплотой сгорания (газ термической переработки древесины без доступа воздуха).

Перевод силовых установок транспортных средств (автомобили, трактора, суда) на работу на генераторном газе с высокой теплотой сгорания также вполне реален, но требует доработки конструкции двигателей.

Таким образом, можно считать, что промышленность нашей страны обеспечит изготовление теплотехнической аппаратуры для использования в качестве топлива искусственного газа термической переработки древесины. Изготовление самих газогенераторов не представляет сложности, однако, целесообразнее организовать серийное их изготовление на специализированном предприятии.

Экономическая эффективность газификации отраслей лесной промышленности.

Для расчета экономической эффективности использования искусственного газа в качестве топлива вместо мазута или угля необходима конкретизация объекта расчета. Применительно к использованию генераторного газа для целей сушки на предприятиях фанерного производства экономическая эффективность была подсчитана сотрудниками ЛТА имени С.М. Кирова и НПО «Научфанпром» (ЦНИИФ) под руководством профессора, д. т. н. Д.М. Стерлина.

В результате экономических расчетов получено* Что замена существующей сушилки ти.па СРГ-25М на перспективную сопловую роликовую сушилку модели СРС-Г, работающую на генераторном газе, получаемом в результате термохимической переработки древесных отходов фанерного производства, даст годовой экономический эффект 24792 рубля (в ценах 1990 года).

Перевод всего парка сушилок фанерного производства на генераторный газ даст годовой экономический эффект более 7,0 млн. рублей.

Экономические расчеты стоимости самого генераторного газа, проведенные на кафедре теплотехники и Т. С. У. Лесотехнической академии имени С.М. Кирова показали, что в пересчете на условное топливо она равна 23,3 рубля за тонну условного топлива при стоимости мазута 40 рублей за тонну условного топлива.

Обслуживание, автоматизация и обеспечение надежности работы газогенераторных установок.

Основным звеном газификации отраслей лесной промышленности должны быть стационарные, непрерывно-действующие, надежные в работе, автоматизированные газогенераторные установки (ГТУ), создаваемые вблизи центральных пунктов сбора древесных отходов. В комплект газогенераторной установки должны входить собственно газогенератор (или блок газогенераторов), система топливоподачи, склад хранения и подготовки топлива, газгольдерная станция для резервного хранения получаемого газа, система подготовки, распределения и подачи газа потребителям.

*Устойчивое развитие и использование
биотоплива – путь к реализации Киотского протокола и
повышению комплексности использования древесины и торфа*

*Sustainable development and biofuel use as a way towards
the Kyoto protocol implementation and enhanced complex
utilization of wood raw material and peat*

Автоматизация работы газогенераторной установки может быть обеспечена существующими серийно-выпускаемыми приборами контроля расхода, давления и температуры и соответствующими управляющими механизмами. Оптимальные режимы работы газогенераторной установки будут обеспечены микропроцессорной техникой на основе разрабатываемой математической модели процесса.

Надежность элементов установки и блокировкой контрольных и исполнительных органов.работы ГТУ обеспечивается надежностью функционирования отдельных.

Предполагается использовать для обслуживания ГТУ минимальное количество местного персонала, в основном, на операциях доставки и подготовки топлива (3-4 человека на одну ГТУ). Обслуживание контрольных и управляющих систем и механизмов ГТУ должно проводиться периодически (примерно один раз в месяц) или по экстренному вызову специалистами высокой квалификации, работающими в специально созданных для такого обслуживания центральных организациях (Москва, Санкт-Петербург, Новосибирски др.).

В случае перевода на искусственное газовое топливо транспортных установок (автомобили, тракторы, суда) предполагается баллонная система обеспечения установок газовым топливом. Баллоны будут заполняться сжатым газом на пункте распределения и подачи газа потребителю и затем устанавливаться на транспортное средство. Такая система принципиально отличается от системы работы транспортных средств на «дровах», широко распространенной в 40-50 годах, и является более простой, надежной и удобной в эксплуатации.

Научно-технические вопросы газификации отраслей лесной промышленности и пути их решения.

Для обеспечения перевода отраслей лесной промышленности на газовое топливо, получаемое в результате переработки древесного топлива и отходов в газогенераторных установках, необходимы углубленные научно-технические и экономические проработки.

Если основной технический вопрос газификации - создание простой и надежной в работе непрерывно или периодически действующей газогенераторной установки для получения практически чистого энергетичского и технологического газа из полифракционных влажных древесных отходов - можно считать, в основном, решенным, то еще требуют своего решения целый ряд других не менее важных вопросов, например:

1. Разработка математических моделей процессов в газогенераторах различного типа и конструкций. Составление расчетных программ и решение на ЭВМ. Составление управляющих работой ГТУ программ и их совмещение с существующей микропроцессорной техникой.

2. Разработка принципов и систем автоматизации работы всей газогенераторной установки, включая склад хранения и подготовки древесного топлива, систему хранения и распределения газа.

3. Создание газогенератора для получения генераторного газа с высокой теплотой сгорания и разработка принципов и систем распределения и использования газа в жилых помещениях.

4. Разработка принципов и систем перевода транспортных средств с жидкого на искусственное газообразное топливо. Отработка двигателей на генераторном газе и обоснование конструктивных изменений в системе ДВС.

5. Обоснование возможности изменения технологии тепловой обработки древесины с целью отказа от использования пара как теплоносителя и замены его на газовый энергоноситель.

6. Экономическое обоснование целесообразности перевода теплового энергоснабжения предприятий (или технологических операций) с привозного жидкого и твердого топлива на искусственный газ.

7. Создание специализированных организаций, проектирующих, изготовляющих, монтирующих и обслуживающих ГТУ.

*Устойчивое развитие и использование
биотоплива – путь к реализации Киотского протокола и
повышению комплексности использования древесины и торфа*

*Sustainable development and biofuel use as a way towards
the Kyoto protocol implementation and enhanced complex
utilization of wood raw material and peat*

По мере изучения и решения перечисленных вопросов могут возникнуть и другие вопросы, требующие экономических расчетов и научно-технических проработок.

Чавчанидзе Е.К.,
*к.т.н., первый зам. Ген. Директора
АООТ НПО ЦКТИ*
Шемякин В.Н.,
к.т.н., зав. лабораторией АООТ НПО ЦКТИ
Миллер В.И.,
Гл. конструктор проекта АООТ НПО ЦКТИ
Карапетов А.Э.,
Гл. конструктор проекта АООТ НПО ЦКТИ

СЖИГАНИЕ ТОПЛИВ БИОЛОГИЧЕСКОГО ПРОИСХОЖДЕНИЯ В КИПЯЩЕМ СЛОЕ.

В последние годы в связи с нестабильностью и изменениями в топливном балансе серьёзно встал вопрос о расширении применения местных топлив.

Для Северо-западного региона в качестве таких топлив могут рассматриваться быстро восстанавливаемые топлива биологического происхождения (торф, дрова, различные виды древесных отходов) а также сланец.

В Ленинградской области доля местных топлив в топливном балансе составляет незначительную часть, тогда как разработанные запасы этих топлив могли бы практически заменить всё традиционное ископаемое топливо (уголь, мазут, газ), применяемое в промышленных и отопительных котельных.

Особенности местных топлив - их ухудшенное качество, либо за счёт высокой влажности (биологическое топливо), либо за счёт высокой зольности (сланец).

Одной из оптимальных технологией сжигания топлив биологического происхождения в котельных установках малой и средней мощности (промышленные и отопительные котельные), обеспечивающей высокие технологические и экологические показатели, является сжигание в кипящем слое. При правильной организации этого процесса в котлах с кипящим слоем можно сжигать самые различные виды низкокачественных топлив биологического происхождения (торф, щепа, опилки и прочие отходы деревообработки), что подтверждается успешной эксплуатацией таких котлов во многих странах.

Опыт АООТ НПО ЦКТИ по разработке и внедрению котлов с кипящим слоем продемонстрировал в промышленном масштабе приемлемость данной технологии для решения проблемы расширения применения топлив биологического происхождения в топливном балансе.

С начала 90-х годов в Ленинградской области находятся в эксплуатации 3 котла КЕ-6,5-13 и 1 котёл ДКВР-10-13, реконструированные на сжигание сланца в кипящем слое (традиционный пузырьковый кипящий слой). В этом году в г.Сланцы введён в эксплуатацию работающий по этой же технологии новый водогрейный котёл типа КВ-Р-11,63-150, оснащённый специально разработанным предтопком кипящего слоя. В данных котлах успешно сжигается сланец зольностью до 65 % и теплотворной способностью 1800-1900 ккал/кг. По результатам испытаний суммарные потери с мех. и хим.недожогом составляют 1,5 – 2,5 %. Несмотря на значительное содержание серы в исходном топливе (до 1,5%) выбросы оксидов серы в дымовых газах не превышают 600 мг/м^3 (приведено к $\alpha=1$), что обусловлено эффектом связывания серы карбонатом кальция, содержащимся в минеральной части золы. Оптимальный диапазон температур для осуществления данного эффекта – 800-900°С – как раз и является рабочим диапазоном существования кипящего слоя.

Устойчивое развитие и использование
биотоплива – путь к реализации Киотского протокола и
повышению комплексности использования древесины и торфа

Sustainable development and biofuel use as a way towards
the Kyoto protocol implementation and enhanced complex
utilization of wood raw material and peat

По такой же схеме (традиционный кипящий слой) был сооружён новый водогрейный котёл теплопроизводительностью 5,5 Мвт для сжигания фрезерного торфа (Рис.1). Данный проект был реализован в результате тендера, проводимого ЕБРР, на поставку котла в п.Юри, Эстония. Котёл был изготовлен и пущен в эксплуатацию в 1996 г. Характеристики торфа приведены в табл. №1.

Теплота сгорания низшая	Влажность	Зольность	Содержание углерода	Содержание пылевых фракций (<0,25 мм)
Ккал/кг	%	%	%	%
2060 - 2300	45 – 53	1 - 4	26 – 32	35 – 50

Результаты испытаний котла, проведённых независимыми экспертными организациями, приведены в табл. №2.

К.п.д. котла	Избыток воздуха за котлом α	Содержание CO в дымовых газах (приведено к $\alpha=1$)	Содержание NO$_x$ в дымовых газах (приведено к $\alpha=1$)	Содержание пылевых частиц в дымовых газах (приведено к $\alpha=1$)	Потери с мехюнедожогом
%	-	мг/м^3	мг/м^3	мг/м^3	%
81 – 82	1,3 - 1,6	170 - 270	440 - 500	600 - 1000*	1,9 - 2,2

После специально разработанных прямоточного и батарейного циклонов.

Помимо фрезерного торфа в данном котле успешно сжигаются различные виды древесных отходов (щепа, опилки). Конструктивные особенности котла – небольшая высота топочной камеры, наличие поворотной камеры – позволяют устанавливать его в существующих котельных, даже газомазутных. Кроме того, организация разворота газов на 180° и развитой системы острого дутья способствует эффективному перемешиванию газов и окислителя и обеспечивает высокую степень выгорания топлива, что особенно актуально при большом количестве мелких пылевых фракций.

Для сжигания древесных отходов, обладающих нестабильными характеристиками, особенно влажностью (иногда превышающей пределы возможности сжигания без подсветки), АООТ НПО ЦКТИ внедрён способ совместного сжигания древесных отходов в смеси со сланцем. Последний используется как заполнитель слоя и в качестве подсветочного топлива. Такое решение применено в реконструированном газомазутном котле ДЕ-25-24, установленном в пос. Пюсси, Эстония и введённом в эксплуатацию в 1997 г.

В данном варианте применена модификация кипящего слоя, организуемого на узкой подвижной наклонной решётке, - так называемый высокотемпературный кипящий слой. В котле сжигаются различные виды древесных отходов (опилки, щепа, шлифовальная пыль) с добавкой сланца (10 - 20% по теплу).

Влажность древесных отходов колеблется в пределах 40 - 60%, фракционный состав 0 – 40 мм. Характеристики эстонского сланца в целом аналогичны характеристикам сланца, добываемому в Ленинградской области. Допускаются крупногабаритные включения размером куска до 100 мм. Топка позволяет сжигать один сланец без древесных отходов. Эффективность установки, в зависимости от нагрузки и качества топлива, составляет 80 – 84%.

Устойчивое развитие и использование
биотоплива – путь к реализации Киотского протокола и
повышению комплексности использования древесины и торфа

Sustainable development and biofuel use as a way towards
the Kyoto protocol implementation and enhanced complex
utilization of wood raw material and peat

Также на данном котле было проведено опытное сжигание только древесных отходов, без добавления сланца. Было осуществлено перераспределение потоков подаваемого в котёл воздуха, крупные частицы топлива, выпадающие на активные зоны решётки, сгорали в так называемом "аэрофонтане", а мелкие и пылевидные – в топочном объёме. При этом котёл оказался более чувствительным к влажности подаваемых древесных отходов и при её значении >40% стабильной работы добиться не удалось.

Немаловажно отметить, что за всё время эксплуатации котла не имело места ни одного отказа подвижной колосниковой решётки, выполненной из высокоточного стального литья.

Опыт, приобретённый при пусках и экспериментах на данном котле, лёг в основу разработок серии новых водогрейных котлов, осуществлённых совместно с ОАО "Дорогобужкотломаш". Котлы (Рис.2) оснащены топочными устройствами циркулирующего кипящего слоя (на базе высокотемпературной топки) и предназначены для сжигания широкой гаммы низкосортных углей, а также смеси углей с топливами биологического происхождения. Данный способ сжигания характеризуется развитой системой возврата в топку (надслоевое пространство) уловленного в специальных сепараторах уноса, что, наряду с организацией многоярусной системы подвода вторичного воздуха, позволяет обеспечить высокую степень выгорания топлива и низкие значения вредных газообразных выбросов.

Рассмотренный успешный опыт эксплуатации паровых и водогрейных котлов в масштабе промышленной энергетики свидетельствует о наличии готовых отработанных решений, позволяющих создавать новые или реконструировать существующие котлы для сжигания местных низкосортных топлив в промышленных и отопительных котельных.

Рис. КВ-Р-29-150 ЦКС; КВ-Р-58,2-150 ЦКС

Котлы водогрейные угольные автоматизиро-ванные КВ-Р-29-150 ЦКС и КВ-Р-58,2-150 ЦКС с топкой циркулирующего кипящего слоя, предназначены для выработки горячей воды с температурой 150°С, которая используется для отопления, горячего водоснабжения и техно-логических целей.

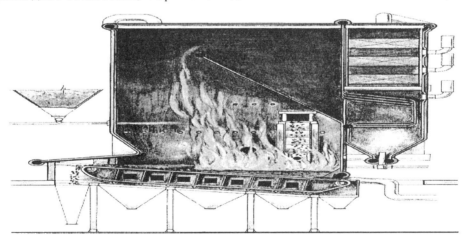

Устойчивое развитие и использование
биотоплива – путь к реализации Киотского протокола и
повышению комплексности использования древесины и торфа

Sustainable development and biofuel use as a way towards
the Kyoto protocol implementation and enhanced complex
utilization of wood raw material and peat

Основные параметры	КВ-Р-29-150 ЦКС	КВ-Р-58,2-150 ЦКС	Basic parameters
Теплопроизводительность номинальная, МВт	29	58,2	Rated heating capacity, MW
Расчетное давление на входе в котел, МПа	2,5	2,5	Inlet design pressure, Mpa
Температура воды на входе в котел,°С	70	70	Inlet water temperature, °C
Температура воды на выходе из котла, °С	150	150	Outlet water temperature, °C
Гидравлическое соп ротивление котла, МПа, не более	0,25	0,25	Hydraulic resistance MPa, no less
Расход воды через котел, основной режим, т/ч	312	625	Boiler water consumption under basic condition,t/h
КПД котла, брутто, %, не менее	87	87	Efficiency (gross), coal-fired,%, no less
Масса котла Расчетная, кг	47500	126000	Design mass of unit, kg
Габаритные размеры длина,мм/ ширина, мм/высота, мм	12000/4800/15000	16000/11520/ 17470	Overall dimensions: width,mm/ depth,mm/ height,mm
Топочное устройство	ВТКС-2,7/29	ВТКС-2,7/58	Furnace device

Филонов А.Ф.,
Прокофичев Н.Н.

ВОЗМОЖНОСТЬ СОЗДАНИЯ КОТЕЛЬНОЙ УСТАНОВКИ ПАРОПРОИЗВОДИТЕЛЬНОСТЬЮ 25 Т/Ч ДЛЯ РАЗМЕЩЕНИЯ В ГАБАРИТАХ ЯЧЕЙКИ КОТЛА ДЕ-25-14ГМ ПРИ ПЕРЕВОДЕ ГАЗОМАЗУТНОЙ КОТЕЛЬНОЙ НА ДРЕВЕСНЫЕ ОТХОДЫ

Аннотация

Представляется компоновка нового котла Е-25-14 ПС для сжигания высоковлажных древесных отходов с содержанием коры до 80%, размещаемого в помещении бывшей мазутной котельной на месте демонтированного котла ДЕ-25-14 ГМ.

Применение технологии сжигания в кипящем слое с использованием двух ступеней встроенного золоуловителя позволяет обеспечить устойчивое горение влажного топлива, высокий КПД сгорания и чистоту выбросов. Применение рециркуляции дымовых газов от санитарной ступени золоуловителя в кипящий слой обеспечивает работу котла на нагрузке ниже 50% номинальной.

Устойчивое развитие и использование
биотоплива – путь к реализации Киотского протокола и
повышению комплексности использования древесины и торфа

Sustainable development and biofuel use as a way towards
the Kyoto protocol implementation and enhanced complex
utilization of wood raw material and peat

Постановка задачи

В современных условиях работы предприятий деревообрабатывающей промышленности при росте объёма распиловки и увеличении стоимости жидкого и газообразного топлива становится насущным вопрос перевода существующих котельных на сжигание отходов своего производства, не подлежащих продаже на глубокую переработку. Возникает необходимость размещения в малогабаритных газомазутных котельных ячейках твердотопливных котлов той же мощности. Для обычных слоевых котлов это непосильная задача. Эксплуатация промышленных котлов, сжигающих древесные отходы при постоянном ухудшении качества топлива (переход от щепы на сжигание опилок и коры с высокой влажностью) сталкивается с проблемами организации горения, которые легче решаются с использованием технологии сжигания в кипящем слое, чем на слоевых топках. Древесные отходы с содержанием коры свыше 80% и с рабочей влажностью W_p свыше 60%, а также частично перегнившие опилки и кору из старых буртов можно сжигать в кипящем слое песчаной инертной насадки, разогретой свыше 600°C.

Предполагаемый к замене котел ДЕ-25-14 установлен в котельной ячейке 18х7,5 м. Высота до балки перекрытия 11,4м.

Инженерный Центр ОАО "Энергомашкорпорация" представляет техническое предложение ОАО "Архангельский ЛДК N 3" на замену котла ДЕ-25-14 паровым котлом, работающим на древесных отходах (опилки, кора, стружка) с расчетной влажностью 60% и с содержанием коры до 80%. Кора проходит обработку в корорубке с обеспечением куска $\delta< 50$ мм.

Смесь топлива на рабочую массу имеет следующие характеристики:

W_p=59,84%; A_p=0,85%; $Q_н{}^p$=1490,6 ккал/кг.

Компоновка и работа оборудования.

Схема котельной установки, представленная на рисунке, базируется на котле паропроизводительностью 25т/ч новой конструкции с топкой циркулирующего кипящего слоя. Бескаркасная, самоопирающаяся конструкция топки из мембранных панелей обеспечивает необходимое количество поверхностей нагрева и компактность для размещения в здании существующей котельной.

Топливо с транспортера по двум топливным рукавам подаётся на два шнековых питателя с регулируемыми оборотами двигателя и далее в топку с распределением по площади КС с помощью воздушных струй.

Инертный наполнитель (кварцевый песок) из резервного бункера V=4м³ по течке с регулирующим клапаном попадает на один из питательных шнеков топлива для заброса в топку. Для первоначального разогрева наполнителя в КС используется мазутная растопочная камера, установленная в коробе охлаждаемой воздухораспределительной решетки, где создаётся смесь продуктов сгорания и воздуха с температурой до 600°C. Во время работы котла колпачковая воздухораспределительная решетка площадью 2х4=8м².

Обеспечивает ожижение песка горячим воздухом из воздухоподогревателя от двух параллельных дутьевых вентиляторов ВДН-8-3000. Часть воздуха (острое дутьё) подаётся соплами в топку для организации выжигания летучих и мелких частиц топлива.

Существенной проблемой при сжигании древесных отходов в любом топочном устройстве является унос недожога в виде горящий частиц, которые из-за своего массообъёмного соотношения легко уносятся из топки (высокая парусность) и пролетают весь газовый тракт котла. Эти частицы представляют высокую пожароопасность (заносы экономайзеров и воздухоподогревателей, отложения в газоходах) и являются источником загрязнения окружающих территорий. В тоже время значительное количество недожога, содержащееся в этих частицах, понижает КПД котла. Для обеспечения достаточной эффективности работы котла перед экономайзером устанавливается встроенный золоуловитель (сепаратор). Уловленные встроенным

*Устойчивое развитие и использование
биотоплива – путь к реализации Киотского протокола и
повышению комплексности использования древесины и торфа*

*Sustainable development and biofuel use as a way towards
the Kyoto protocol implementation and enhanced complex
utilization of wood raw material and peat*

золоуловителем частицы по фракционному составу более 100 мкм представляют не догоревший углерод, возвращаются в топку, где происходит их окончательное выгорание. Более тонкие фракции уноса (менее 50 мкм), как правило, являются минеральной частью древесных отходов и измельченными частицами инертного материала слоя.

В качестве встроенного золоуловителя применён батарейный циклон оригинальной конструкции, собранный из циклонных элементов большого диаметра с четырехзаходным улиточным завихрителем. При разработке конструкции циклонных элементов использован богатый опыт, полученный при создании батарейных золоуловителей типоразмерных рядов БЦ-259, БЦ-359 и БЦ-512, прошедших межведомственные испытания и поставленных на серийное производство. Указанные батарейные циклоны эксплуатируются, как в основных золоуловителях, так и в трактах рециркуляции дымовых газов котлов большой мощности.

Встроенный батарейный золоуловитель собран из двух блоков. Каждый блок состоит из шести циклонных элементов диаметром 950 мм. Уловленные частицы уноса собираются в бункер, откуда возвращаются в топку котла для дожигания. При номинальной нагрузке котла условная скорость газа в циклонных элементах составит 4,1 м/с. При расчетной температуре 450 ^{0}С гидравлическое сопротивление встроенного золоуловителя будет равно 730 – 740 Па. Собранные в осадительный бункер частицы через немеханический клапан (сифон) вводятся в топку на уровне кипящего слоя для дожигания.

В отличие от одиночных высокотемпературных циклонов и блоков циклонов разработанный батарейный циклон имеет минимальный габарит по высоте, что позволяет установить котел в зданиях существующих котельных.

В конвективной шахте устанавливается экономайзер, который соединен экономайзерными стеновыми блоками с верхним барабаном. Дымовые газы, охлажденные в воздухоподогревателе до 120^{0}С, проходят санитарную ступень очистки (батарейный циклон БЦ-512) и дымосом ДН-17,5 направляется в дымовую трубу.

Санитарная очистка газов от летучей золы будет выполняться в батарейном циклоне БЦ-512-(6х4) собранном из наиболее надежных и эффективных циклонных элементов диаметром 512 мм с четырёхзаходными завихрителями газа. Выбор типа батарейного циклона обусловлен тем, что уменьшение числа параллельно включенных укрупнённых циклонных элементов снижает отрицательное влияние на степень очистки «эффекта батарейности» неизбежное при работе других типов батарейных циклонов (БЦУ, ПБЦ, и др.), у которых количество циклонных элементов в 3 – 4 раза больше.

Батарейный циклон БЦ-512-(6х4) изготавливается транспортабельными блоками: секция циклонных элементов, панели корпуса, камера выходная, бункер улова.

Входная камерами имеет прямоугольную форму постоянного сечения, позволяющего применять циклонные элементы с одинаковой высотой выхлопной трубы. С целью повышения пожаро – взрывобезопасность верхняя часть выхлопной трубы циклонного элемента снабжена переходным патрубком с круглого сечения трубы диаметром 273 мм на прямоугольник сечением в плане 640 х 700 мм. Переходные патрубки, соединённые сваркой, образуют верхнюю трубную доску, на которой не откладывается зола. Переходный патрубок снижает гидравлическое сопротивление циклонного элемента по сравнению с элементом без него на 4 – 5 %.

Широкое применение в качестве аппаратов санитарной очистки уходящих дымовых газов за котлами, сжигающими древесные отходы, нашли улиточные пылеуловители, которые обеспечивают нормативные требования по ПДВ для золы (150 мг/м^{3}). Наличие в котлах с топками КС инертной добавки, повышающей концентрацию твердой фазы в дымовых газах, требует применить батарейные циклоны, в которых эффективность очистки существенно превышает показатели улиточных пылеуловителей. Для сравнения приведём данные по величинам фракционных коэффициентов очистки (%) рассматриваемых аппаратов.

*Устойчивое развитие и использование
биотоплива – путь к реализации Киотского протокола и
повышению комплексности использования древесины и торфа*

*Sustainable development and biofuel use as a way towards
the Kyoto protocol implementation and enhanced complex
utilization of wood raw material and peat*

Средний фракционный размер частиц, мкм	10	20	30	40	50
Улиточный пылеуловитель	38	64	83	94	97,5
Батарейный циклон БЦ-512-(6х4)	78	91,5	96	97,5	98,5

Оценка показывает, что если для фракций пыли грубее 50 мкм эффективность БЦ-512 выше на 1 %, то для фракций порядка 10 мкм и тоньше эффективность батарейного циклона в два и более раз больше, чем улиточного пылеуловителя.

В выбранном типоразмере БЦ-512-(6х4) условная скорость составит 3,7 – 3,9 м/с, при температуре уходящих газов 120 ^{0}С гидравлическое сопротивление будет 980 – 1000 Па.

В описанной схеме использован батарейный циклон без системы рециркуляции газов, применение которой позволит, при необходимости, поднять эффективность очистки дымовых газов от твёрдых частиц.

Из приёмного бункера батарейного циклона зола поднимается ковшовым подъёмником в бункер накопитель для последующей отгрузки. Котельная установка способна нести максимальную нагрузку 30 т/ч без рециркуляции и минимальную нагрузку 7,5 т/ч с включенной вентилятором Ц-6-308 рециркуляцией дымовых газов под воздухораспределительную решетку. Предлагаемое к установке новое котельное оборудование изготавливается на ОАО "Сибэнергомаш".

Котлы с универсальными по твердому топливу топочными устройствами КС используются для выработки горячей воды или пара в составе технологической, отопительной котельной или мини ТЭЦ. При этом обеспечивается снижение выбросов вредных продуктов сгорания, в первую очередь окислов серы до 40-70% за счет их связывания щелочноземельными металлами, содержащимися в золе топлива, и окислов азота- до 40-50% за счет низкой температуры, без сооружения дополнительных систем их подавления.

Особенности технологии КС

Технология основана на сжигании топлива в объеме раскаленных частиц инертного заполнителя, кипящих в восходящем потоке воздуха. Небольшое процентное отношение массы подаваемого топлива к инертной массе кипящего слоя и интенсификация процесса горения обеспечивают эффективное сжигание низкореакционных, высокозольных, тощих углей с низким выходом летучих, кору деревьев с влажностью до 65% и другие низкосортные топлива, сжигание которых традиционными способами затруднительно. Размеры частиц топлива, предназначенного для сжигания в КС, средние между размерами частиц топлива для пылевидного сжигания и для механических топок. Максимальный размер их зависит от реакционной способности топлива и составляет от 6 до 25 мм. Для котлов с КС характерная плотность слоя составляет 750 кг/м^3 при температуре 820-900 °С. Благодаря длительному времени пребывания топлива в слое и высокой интенсивности процессов тепло-массообмена эффективность сжигания в топке с КС довольно велика, несмотря на относительно низкую температуру процесса. В пузырьковом слое наблюдается незначительный вынос частиц из топки. Время пребывания крупных кусков топлива велико, а мелких частиц примерно соответствует расчетному по скорости газа. Это зачастую приводит (по крайней мере, для низкореакционных топлив) к повышенному содержанию углерода в слое и уносе и, соответственно, к увеличению механического недожога. Для его

Устойчивое развитие и использование
биотоплива – путь к реализации Киотского протокола и
повышению комплексности использования древесины и торфа

Sustainable development and biofuel use as a way towards
the Kyoto protocol implementation and enhanced complex
utilization of wood raw material and peat

уменьшения вынесенные из топки частицы улавливают и возвращают в слой.

Технология позволяет:

полностью отказаться от каких бы то ни было механически движущихся узлов топочного устройства, что значительно увеличивает его надежность;

обеспечивать эффективное сжигание самых разнообразных низкосортных топлив;

обеспечивать достижение паспортной производительности котла, при необходимости его форсировки даже при использовании низкосортных топлив;

обеспечивать эффективную внутритопочную нейтрализацию оксидов серы (при работе на высокосернистых топливах) и азота.

Необходимыми условиями организации КС является установка высоконапорного вентилятора с мощным электродвигателем для преодоления сопротивления колпачковой воздухораспределительной решетки и самого кипящего слоя, а также возврат унесенных частиц на дожигание, с помощью которого может быть организован циркулирующий кипящий слой (ЦКС). Мелкие фракции древесных отходов (опилки и стружка) требуют организации сжигания их в топке над слоем за счет направленной подачи вторичного воздуха.

Сжигание малозольных древесных отходов в топке кипящего слоя требует создания системы подготовки и подачи инертного материала (песка). Необходимо подобрать подходящий песчаный карьер и проверить песок на способность не плавиться в топке кипящего слоя. Периодическим пополнением осуществляется поддержание кипящего слоя на постоянном уровне. Удаление из топки возможных спеков должно быть организовано с использованием запорно-регулирующего клапана. Удаление измельченного вынесенного песка и золы производится из системы возврата уноса.

Древесные отходы, предварительно измельченные на корорубке, подаются в топку системой транспортеров и попадая в среду разогретого кипящего инертного материала значительной массы быстро сохнут и выделяют летучие, которые догорают в надслоевом пространстве.

Для регулирования температуры слоя при сжигании относительно калорийных топлив (теплота сгорания более 3000 ккал/кг) необходимо отводить тепло из слоя с помощью погруженных в него поверхностей нагрева. Они могут быть выполнены в виде экономайзера или пароперегревателя и в редких случаях - в виде испарителя. Эти поверхности работают очень эффективно (коэффициент теплопередачи на уровне 300 ккал/м^2 ч град), но подвержены эрозионному износу.

Технологические процессы КС легко автоматизируются, что обеспечивает улучшение условий труда и безопасность персонала. Вопросы выбора хвостовых поверхностей нагрева и утепления собственно топки аналогичны при слоевом сжигании.

Технология кипящего слоя предназначена для сжигания низкосортных дешевых топлив.

Универсальность по топливу и экологическая чистота КС используется например с 1986г. в Финляндии. Котел с комбинированной топкой -пылеугольной и КС фирмы Tampella - на целлюлозно-бумажной фабрике Heinola работает на смеси торфа и коры и угля с допустимым содержанием NOx, SO$_2$ и пыли в дымовых газах.

Переход с одного топлива на другое для топки с КС не составляет проблемы. Перечисленные аргументы в пользу технологии КС объясняют целесообразность реконструкции существующих котлов с переводом их на сжигание наиболее доступного и дешевого топлива. Например:

Устойчивое развитие и использование
биотоплива – путь к реализации Киотского протокола и
повышению комплексности использования древесины и торфа

Sustainable development and biofuel use as a way towards
the Kyoto protocol implementation and enhanced complex
utilization of wood raw material and peat

Газомазутные котлы можно перевести на сжигание угля или древесины, оставив углеводородное топливо в качестве резервного.

Угольные котлы с обычными топками, имеющие проблемы по сжиганию ухудшающегося угля, при модернизации на КС повысят производительность и КПД.

Реконструируемые котлы могут быть оснащены компактным пароперегревателем, размещенным в КС для повышения температуры пара перед турбиной при создании мини ТЭЦ.

Обширный мировой и отечественный опыт модернизации котлов и создания новых котлов с кипящим слоем подтверждает явные преимущества прогрессивной технологии.

Необходимым условием организации ЦКС является возврат унесенных частиц на дожигание, с помощью которого может быть организован циркулирующий кипящий слой.

Вывод:

Осуществление реконструкции промышленных и отопительных котельных для сжигания дешевых твердых топлив в топках котлов с кипящим слоем или организация на базе реконструированной котельной мини ТЭЦ на местном топливе обеспечит экономию топливно-энергетических ресурсов и защиту окружающей среды от вредных выбросов.

С.А. Чистович
Президент АЦТЭЭТ,
директор СЗРО ФЦЭРС
Госстроя России
академик РААСН

ПЕРСПЕКТИВЫ РАЗВИТИЯ ТЭК И РАСШИРЕНИЕ ИСПОЛЬЗОВАНИЯ НИЗКОСОРТНЫХ ВИДОВ ТОПЛИВА

1. В 2000 году по Распоряжению Правительства Российской Федерации подготовлена «Энергетическая стратегия России на период до 2020 года». Один из ее разделов посвящен стратегии развития теплоснабжения.

Стратегия предусматривает сохранение доминирующей роли теплофикации и централизованного теплоснабжения в обеспечении теплом городов и промышленных комплексов. Вместе с тем с учетом изменения структуры собственности как в производственной, так и в жилищно-коммунальной сфере, доля децентрализованного теплоснабжения несколько возрастет (от 29% до 33% в 2020 году).

2. В системах централизованного теплоснабжения будет возрастать доля теплофикации – производства тепла на электростанциях (от 46% в настоящее время до 48-50% к 2000 г.).

Развитие теплофикации предусматривается как путем сооружения высокоэффективных крупных ТЭЦ с парогазовым циклом, так и путем реконструкции существующих паротурбинных станций с установкой в них предвключенных газовых турбин.

Одновременно будут развиваться малые и средние ТЭЦ с высокоэкономичным газотурбинным и парогазовым оборудованием, а также с газодизельными агрегатами.

Устойчивое развитие и использование
биотоплива – путь к реализации Киотского протокола и
повышению комплексности использования древесины и торфа

Sustainable development and biofuel use as a way towards
the Kyoto protocol implementation and enhanced complex
utilization of wood raw material and peat

3. Учитывая, что «газовая пауза», основанная на использовании запасов сравнительно дешевого природного газа практически завершилась, будет повышаться значимость газа для получения валютных доходов страны и соответственно будет снижаться его доля во внутреннем потреблении ТЭР. Это потребует развития комплекса мер по наиболее рациональному использованию газа, с учетом его высоких потребительских свойств (как топлива), уступающих только электроэнергии. Нельзя также забывать, что природный газ является ценным сырьем, из которого можно изготавливать множество материалов для различных отраслей народного хозяйства.

В связи с этим следует жестко ограничивать прямое сжигание газа в котельных установках, использовать его для комбинированной выработки тепловой и электрической энергии с использованием циклов с высокими термодинамическими показателями.

4. Ограничение прямого сжигания природного газа в топках котлов котельных и паротурбинных электростанций должно быть компенсировано расширением использования местных видов топлива (фрезерного торфа, бурого угля, горючих сланцев), а также нетрадиционных возобновляемых источников энергии (НВИЭ), биотоплива (древесной щепы, опилок, твердых бытовых отходов, иловых осадков канализационных сооружений, метан-газа на мусорных полигонах, солнечной и геотермальной энергии и пр.).

5. Расширение использования местных видов топлива и НВИЭ позволит повысить энергетическую безопасность в стране, будет способствовать решению проблемы занятости населения, расширению возможности импорта газа. Следует отметить, что в ряде регионов России, располагающих громадными запасами местных видов топлива (например, Тверская, Псковская и Ленинградская области), уже интенсивно ведутся работы в этом направлении. В Архангельской и Ленинградской областях, в Карелии успешно создаются установки для сжигания древесной щепы в топках котлов.

6. Важным источником энергии для тепло-, электроснабжения больших городов являются твердые бытовые отходы (ТБО). Опыт западных стран свидетельствует о существенном вкладе ТБО в покрытие топливно-энергетических балансов городов. При этом мусоросжигательные котельные и ТЭЦ располагаются в ряде случаев в центральных районах городов, нисколько не ухудшая состояния воздушной среды (например, в Вене, датском городе Хорсенсе и др.).

7. Для стимулирования расширения использования каменного угля и местных видов топлива должен быть устранен существующий в настоящее время перекос цен. Этот перекос подрывает устойчивость российских энергетических компаний, поощряет утечку капиталов из страны. Кроме того он тормозит те направления научно-технического прогресса (экологически чистые технологии сжигания твердого топлива, ТБО, древесных отходов, в том числе «в кипящем слое», использование нетрадиционных возобновляемых источников и др.), которые во всем мире признаны перспективными, а при сложившихся в России ценах на топливо оказываются экономически невыгодными из-за больших сроков окупаемости.

Логично, что природный газ, обладающий более высокими потребительскими качествами по сравнению с другими видами топлива, должен иметь более высокую продажную цену.

8. Ценовая политика в упомянутой выше «Энергетической стратегии России до 2020 года» направлена на ликвидацию диспропорций между ценами разных энергоносителей с учетом их потребительских качеств.

9. Следует также отметить, что до августа 1998 года отношение цен на энергоносители к ценам на оборудование и материалы приближалось к мировому уровню, и затраты на реконструкцию и модернизацию систем тепло-, электроснабжения окупались в допустимые сроки.

Устойчивое развитие и использование
биотоплива – путь к реализации Киотского протокола и
повышению комплексности использования древесины и торфа

Sustainable development and biofuel use as a way towards
the Kyoto protocol implementation and enhanced complex
utilization of wood raw material and peat

Вследствие «обвала» рубля цены на материалы и оборудование возросли многократно, а цены на энергоносители были государством заморожены из соображений исключения усиления социальной напряженности. В результате инвестиционная привлекательность проектов модернизации рассматриваемых систем резко снизилась. Поэтому «Энергетическая стратегия России до 2020 года» предусматривает вывести тарифы на энергоносители естественных монополий в течение двух-трех лет на уровень, позволяющий компенсировать не только эксплуатационные, но и инвестиционные затраты.

Без решения этой задачи невозможно реализовать громадный потенциал энергоресурсосбережения, который в сфере теплоснабжения составляет не менее 200 млн. Т у.т..

Кроме ценовой политики программа «Энергетическая стратегия России до 2020 года» предусматривает введение в действие и ряда других хозяйственных механизмов на федеральном и местном уровнях управления (создание нормативно-правовой базы, налоговая и таможенная политика и др.).

А.П.Бельский

СПб ГТУ РП

ОПЫТ ИСПОЛЬЗОВАНИЯ КОРЬЕВЫХ ОТХОДОВ НА ПРЕДПРИЯТИЯХ

В настоящее время энергосбережение на промышленных предприятиях развивается в нескольких направлениях.

Повышение эффективности использования натуральных видов топлива за счет комбинированной выработки электрической и тепловой энергии при сжигании натуральных видов топлива, в том числе превращение котельных малой мощности в мини-ТЭЦ с установкой паровых турбин мощностью от 200 кВт до 1 МВт для покрытия собственных и технологических нужд. КПД мини-ТЭЦ при выработке тепловой и электрической энергии достигает 0,8-0,85, срок окупаемости 1-1,5 года. Удельные расходы условного топлива достигают:

на выработку электроэнергии 0,153 кг у.т./кВт;

на выработку тепловой энергии 40,7 кг у.т./ГДж.

XXI век будет характеризоваться дальнейшей экономией топливно-энергетических ресурсов за счет выработки энергии на парогазовых установках, МГД-генераторах и других установках.

Значительный резерв экономии натуральных видов топлива заключен в рациональном использовании вторичных топливных ресурсов, к которым относятся корьевые и древесные отходы, органические отходы технологических процессов, шлам от очистки сточных вод, лигнин, биотопливо и др. Эффективность сжигания коры существенно ограничивается ее высокой влажностью, для снижения которой требуются сложные и энергоемкие процессы обезвоживания в виде отжима и сушки. Кроме того, сильная загрязненность коры ухудшает условия работы топочных устройств. Несмотря на это кора является важным источником для получения тепловой и электрической энергии. Для сжигания коры применяются как слоевые топки, так и топки с кипящим слоем . Высшая теплота сгорания коры составляет: ель - 20,3 МДж/кг; сосна - 23,3 МДж/кг; береза - 26,0 МДж/кг; осина - 21,1 МДж/кг. Эффективность использования коры значительно снижается при увеличении ее влажности. При влажности коры 80% теплота ее сгорания становится равной нулю. Необходимо отметить, что кора служит добавкой в производстве древесностружечных плит, используется в качестве компоста для улучшения состава почв, в животноводстве - в виде кормовых добавок, а также используется для получения дубильных эстрактов. Область применения коры определяется экономическим расчетом с целью получения максимальной прибыли.

Устойчивое развитие и использование
биотоплива – путь к реализации Киотского протокола и
повышению комплексности использования древесины и торфа

Sustainable development and biofuel use as a way towards
the Kyoto protocol implementation and enhanced complex
utilization of wood raw material and peat

Вторичные топливные ресурсы целлюлозно-бумажных предприятий в виде сульфатных и сульфитных щелоков, корьевых и древесных отходов, биологического ила и лигнина образуются в результате технологической переработки древесины, рациональное использование которых может экономить расход натуральных видов топлива на технологические нужды до 60-70%.

Вторичные энергетические ресурсы (ВЭР) в виде парогазовых и паровоздушных выбросов, теплой воды, нагретого материала, обладающих достаточно высокой температурой, имеются на каждом предприятии, поэтому должны разрабатываться мероприятия по их рациональному использованию.

Перспективным направлением в системах регенерации низкопотенциальной теплоты является применение теплонасосных установок (ТНУ), позволяющих повысить температуру и теплообменный потенциал отработанного теплоносителя.

Экономичность ТНУ определяется коэффициентом трансформации теплоты.

Где $Q_{пол}$ - полезная теплота, используемая в ТНУ, кДж/ч; Э - расход электроэнергии, кВт.ч; $\eta_э$ - тепловой эквивалент электроэнергии; q_3 - КПД выработки электроэнергии.

Приведенное соотношение показывает, что применение ТНУ оказывается целесообразным в том случае, когда коэффициент преобразования тепловой энергии больше единицы.

Наибольший эффект в отношении экономии ТЭР следует ожидать от внедрения энергосберегающих технологий, связанных с разработкой новых технологических процессов получения различных видов продукции, а также с внедрением замкнутых систем водо- и воздухоснабжения, интенсификацией тепломассообменных процессов, разработкой научнообоснованных удельных норм расхода тепловой и электрической энергии. Экономичность использования топливно-энергетических ресурсов непосредственным образом связана с оргтехмероприятиями, проводимыми на предприятиях, а именно:

изоляция нагретых поверхностей оборудования и трубопроводов;

составление и внедрение наиболее экономичных режимных карт эксплуатации теплотехнологического и энергетического оборудования;

диспетчеризация, автоматизация, компьютеризация, учет распределения и потребления тепловой и электрической энергии;

составление и анализ тепловых балансов энергетического и теплотехнологического оборудования, выявление непроизводительных расходов теплоты и электрической энергии;

сбор и возврат конденсата от теплоиспользующего оборудования;

получение и использование генераторного горючего газа из низкосортных видов топлива.

Значительную экономию ТЭР можно получить за счет обучения эксплуатационного персонала ведению рациональных режимов работы оборудования, снижению аварийных ситуаций, увеличению длительности рабочей кампании оборудования.

Экономия ТЭР достигается также в результате замены устаревшего энергетического оборудования на более современное, обладающее более высокими экономическими показателями.

Энергетика является основой развития промышленного производства, она обеспечивает жизнедеятельность и благосостояние человека, поэтому научно-технический прогресс направлен на рост энерговооруженности на основе экономного расходования топливно-энергетических ресурсов и других нетрадиционных источников энергии.

Устойчивое развитие и использование
биотоплива – путь к реализации Киотского протокола и
повышению комплексности использования древесины и торфа

Sustainable development and biofuel use as a way towards
the Kyoto protocol implementation and enhanced complex
utilization of wood raw material and peat

О.В.Падалко,

некоммерческое партнёрство "Управление
Отходами – стратегическая экологическая
Инициатива"

КОМПОНЕНТЫ КОММУНАЛЬНО-БЫТОВЫХ ОТХОДОВ КАК БИОТОПЛИВО

Основными твёрдыми компонентами коммунально-бытовых отходов (КБО) являются пищевые отходы, отходы эксплуатации лесо-парковых территорий, отходы бумаги, дерева, несинтетических тканей, кожи (далее – ТКББО). Все эти отходы имеют растительно-животное происхождение и на первой стадии своего жизненного цикла аккумулируют атмосферный углерод в форме CO_2. Доля этих отходов в общей массе КБО составляет 40-60% в зависимости от ареала образования, способов сбора, наличия или отсутствия сортировки и ряда других факторов.

При средней норме образования ТКББО 0,5 кг/чел.день в России ежегодно образуется 27,0 млн. т этих отходов. На свалках накоплено ~ 3,0 млрд. т. ТКББО, пригодных к использованию в качестве биотоплива. При теплотворной способности 2,5-5,0 тыс. ккал/кг указанные выше запасы эквивалентны, соответственно, запасам 11,0-22,0 млн. т/год (текущий выход) и 1,0-2,0 млрд. т (накопленные отходы) условного топлива. Ещё одним биокомпонентом КБО являются шламы (осадки) очистных сооружений коммунально – бытовых стоков (ШКББО). Энергетический потенциал этого вида биотоплива эквивалентен ~10 млн.т./год условного топлива.

Основными способами использования рассматриваемых отходов в качестве биотоплива являются: сжигание неселективно собранных несортированных КБО; сжигание селективно собранных/отсортированных отходов без их дополнительной обработки; дополнительная обработка отходов предыдущей группы с получением из них брикетированного или гранулированного топлива и его сжигание (очевидно, что во всех случаях сжигание должно обеспечивать получение электро- и тепловой энергии); пиролиз перечисленных выше типов отходов с использованием продуктов пиролиза в качестве топлива и/или химического сырья; анаэробное компостирование селективно собранных/отсортированных отходов, получение и использование биогаза (55 CH_4-30 CO_2- 10 N_2-примеси), низкопотенциального тепла компостируемой массы, компоста; аэробное компостирование с получением товарного CO_2 и компоста; отбор биогаза непосредственно из свалочных масс КБО. Во всех вариантах ТКББО и ШКББО могут использоваться как раздельно, так и совместно.

Использование биологических составляющих КБО в качестве чистого топлива позволяет одновременно решать ряд сопряженных природоохранных задач: снижения объёма захоронения отходов на свалках, уменьшения площади территорий, отчуждаемых под свалки, объема транспортируемых отходов и ущерба окружающей среде со стороны соответствующих транспортных средств; повышения плодородия почв при использовании компостов; снижения объема минеральных удобрений, вносимых в почвы. Важным преимуществом биотоплива из КБО является то, что при любом объеме образования КБО (от отходов отдельной семьи до отходов крупных городов) адекватное им количество биотоплива может быть гарантированно потреблено внутри источника образования отходов, частично замещая привозное топливо и, соответственно, снижая нагрузку на природную среду.

В докладе рассматриваются и анализируются типовые технологические схемы использования биотоплива из КБО, практика использования этого топлива за рубежом.

*Устойчивое развитие и использование
биотоплива – путь к реализации Киотского протокола и
повышению комплексности использования древесины и торфа*

*Sustainable development and biofuel use as a way towards
the Kyoto protocol implementation and enhanced complex
utilization of wood raw material and peat*

Несмотря на наличие ряда фундаментальных и прикладных работ российских специалистов по использованию биотоплива из КБО и производство некоторых видов промышленного оборудования, потенциал этого вида энергоресурсов в России практически не используется. Основной причиной такого положения являются унаследованные от недавнего прошлого: нигилистическое отношение к собственности и методам её приумножения; ложное представление о неисчерпаемости природных богатств России и неактуальности их сохранения. Следствием подобного менталитета являются отсутствие реальной государственной поддержки развития направления, практическое отсутствие в России селективного сбора КБО, неразвитость технологий и оборудования для выделения биологической составляющей из неселективно собираемых КБО и получения брикетированного/гранулированного топлива, слабая информированность специалистов о зарубежном опыте и их оторванность от процессов анализа, оценки и принятия решений на международном уровне.

Очевидно, что проблема использования биотоплива из КБО имеет много общего с проблемами использования других видов вторичных биоэнергоресурсов: отходами лесного комплекса, агропромкомплекса, отходами пищевых и текстильных производств и др. Эта общность требует решения проблем на единой концептуальной, инженерной и организационной базе.

Марковец Ю. В.
ведущий научный сотрудник ФГУП "ГНЦ ЛПК"
по котельным установкам на древесном топливе

МАЛАЯ ТЕПЛО - И ЭЛЕКТРОЭНЕРГЕТИКА ПРЕДПРИЯТИЙ ЛЕСОПРОМЫШЛЕННОГО КОМПЛЕКСА РОССИИ

В лесопромышленном комплексе (ЛПК) России эксплуатируется около 7500 котельных. Большинство из них работает на газе, мазуте, каменном угле. В то же время не используется и пропадает большое количество низкокачественной древесины и древесных отходов.

С переходом к рыночному хозяйству и в связи с резким подорожанием энергоресурсов значение энергетики на древесном топливе резко возрастает. Перевод предприятий ЛПК на собственные источники энергии является одним из действенных мероприятий по повышению эффективности его работы за счет исключения убыточности низкокачественной (дровяной) древесины, использования древесных отходов, снижения затрат на покупную энергию и основывается на применении соответствующего оборудования для получения топливной щепы из различных видов древесного сырья (кусковых древесных отходов, низкокачественной древесины), склада древесного топлива, системы подачи топлива в топочное устройство, и собственно энергетического оборудования.

Проблема вовлечения в эксплуатацию возобновляемых источников энергии является приоритетной во всем мире. Об этом свидетельствуют официальные материалы, например, Программа развития Организации Объединенных наций (ПРООН). В настоящее время энергетика на древесном топливе во всех лесоресурсных странах быстро развивается.

По теплоте сгорания сухое древесное топливо не уступает сухому торфу и ископаемым сланцам, которые широко используются в промышленной энергетике. Для сравнения можно сказать, что каждые 5 плотных м^3 древесного топлива заменяют 1т мазута или 1000м^3 природного газа. Следует отметить, что в древесном топливе содержится очень мало вредных веществ и в экологическом отношении оно намного чище и безопаснее мазута и каменного угля.

С учетом энергетических проблем многих регионов России и прогнозируемого дальнейшего роста цен на основные энергоносители, хотя бы частичного перевода энергетики ЛПК на собственное древесное топливо позволит заметно улучшить энергетическую и экологическую ситуации в лесоресурсных регионах.

Устойчивое развитие и использование
биотоплива – путь к реализации Киотского протокола и
повышению комплексности использования древесины и торфа

Sustainable development and biofuel use as a way towards
the Kyoto protocol implementation and enhanced complex
utilization of wood raw material and peat

ГНЦ ЛПК разработало и последовательно реализует Программу развития производства конкурентоспособного энергетического оборудования и осуществляет комплекс работ по разработке, изготовлению и внедрению энергетического оборудования на предприятиях ЛПК России.

Первоочередная цель Программы - обеспечить постепенную замену покупных энергоносителей на древесное топливо.

Все мероприятия Программы условно поделены на две группы:

1) краткосрочные, для первоочередного внедрения, с периодом окупаемости 0,5... 1,5 года, реализующие простейшие энергоциклы, предусматривается создание головных образцов, сертификация и передача в серию;

2) среднесрочные мероприятия, вторая очередь, с периодом окупаемости от 3-х до 6 лет, реализующие наиболее совершенные парогазовые и энергохимические циклы, разработки доводятся до рабочего проектирования.

Здесь представлена информация о работах ГНЦ ЛПК по направлениям первой группы.

В 1999...2000 годах ГНЦ ЛПК разработан, испытан и запущен в серию на ОАО "Эксмаш" (г. Шарья, Костромской обл.) котел водогрейный на тепловую мощность 200 кВт. Топочное устройство этого котла представляет собой газогенератор, работающий на влажных измельченных древесных отходах и опилках.

В 2000 г. разработчики и изготовители котла награждены почетными дипломами и медалями "Лауреат ВВЦ", а в феврале 2001 г - дипломами и Золотой медалью Первого Московского Международного Салона инноваций и инвестиций..

По той же схеме, что и КВ-200, разрабатываются водогрейные котлы на 600, 100 и 1200 кВт потребность в которых выявлена в ходе реализации КВ-200. Окупаемость этих котлов - не более 6 месяцев.

В настоящее время ГНЦ ЛПК совместно с ЦНИИДизель (г. С. Петербург) разрабатываются проекты миниэлектростанций на мощность 150...200 кВт, 50...75, 25...30кВТ, в которых используются газогенераторы обращенного типа, модифицированные варианты серийных российских дизелей и стандартные серийные электрогенераторы. Срок окупаемости таких миниэлектростанций 1,5-2,0 года.

По завершению работ это направление полностью закроет потребности ЛПК в малых водогрейных котлах и в малых электростанциях на древесном топливе.

* * * * * *

Устойчивое развитие и использование
биотоплива – путь к реализации Киотского протокола и
повышению комплексности использования древесины и торфа

Sustainable development and biofuel use as a way towards
the Kyoto protocol implementation and enhanced complex
utilization of wood raw material and peat

Endnotes

1 Мелехов И.С. Значение и использование леса как составной части окружающей среды. М.: 1977, с.7.

2 Дажо Р. Основы экологии. Пер. с франц. – М.: Прогресс, 1975.
Уиттекер Р. Сообщества и экосистемы. Сокр. пер. с англ.- М.:Прогресс,1980
Olson, J.S., J.A. Watts and L.J. Allison (1983). Carbon in life vegetation of Major world ecosystems // Oak Ridge National Laboratory. Environ. Science Div. Public. No. ORNL-5862
Оценки экологических и социально-экономических последствий изменения климата. Межправительственная группа экспертов по изменению климата. Доклад Рабочей группы II МГЭИК. - СПб.: Гидрометеоиздат, 1992 (Издание на англ. языке - июнь 1990 г.).
Реймерс Н.Д. Природопользование: Словарь-справочник. - М.: Мысль, 1990.
Исаев А.С., Коровин Г.Н., Сухих В.И. и др. Экологические проблемы поглощения углекислого газа посредством лесовосстановления и лесоразведения в России: Аналитический обзор. - М.: Центр экологической политики, 1995.
Стадницкий Г.В., Родионов А.И. Экология: Учеб. пособие для вузов. - СПб: Химия, 1995.
Jerma Catrinus J. and Mohan Munasinghe (1998). Climate Change Policy: Facts, Issues and Analyses. - Cambridge Univ. Press

1Melekhov, I.S. (1977) The Role and the Use of Forest as Integral Part of Environment. Moscow, p.7 (in Russian)

2 Dajoz R. (1975) Precis D'Ecologie. Translation from French. – Moscow, Progress. (in Russian).
Whittaker R.H. (1980) Communities and Ecosystems. Translation from English – Moscow, Progress (in Russian).
Olson, J.S., J.A. Watts and L.J. Allison (1983). Carbon in life vegetation of Major world ecosystems // Oak Ridge National Laboratory. Environ. Science Div. Public. No. ORNL-5862.
An Estimation of Ecological and socio-economical sequences of climate change. Intergovernmental Group on Potential Impacts on Climate Change (1990) Report from the Working Group II to IPCC. WMO-UNEP.
Reimers, N.F. (1990) Nature Management: Glossary. – Moscow, Mysl (in Russian).
Isaev, A.S., G.N.Korovin, V.I.Sukhikh et al. (1995) Ecological problems of carbon sequestration by reforestation and afforestation in Russia: Analytical Overview. – Moscow, Center for Ecological Policy (in Russian).
Stadnitsky G.V. and A.I.Rodionov (1995) Ecology. Textbook for universities. – St. Petersburg (in Russian).
Carbon Storage in Forests and Peatlands of Russia (1996) USDA Forest Service, NE Research Station (GTR NE-244) and V.N.Sukachev Insititute of Forests, Siberian Branch of Russian Academy of Sciences.
Jerma Catrinus J. and Mohan Munasinghe (1998). Climate Change Policy: Facts, Issues and Analyses. - Cambridge Univ. Press

3.Писаренко А.И. Проблемы лесовосстановления в связи с возможностью глобального изменения климата // Тезисы докладов на III Всероссийской науч.-техн. конфер. "Охрана лесных экосистем и рациональное использование природных ресурсов" (Мытищи, 18-19.10.1994). Т.

3Pisarenko, A.I. (1994) Problems of Reforestation due to Global Climate Change // Abstracts of the Third All-Russian Conference "Forest Ecosystems Protection and Proper Use on Natural Resources (Mytishchi 18-19 October 1994). Volume1 (in Russian)

4.См. Уиттекер Р.

4 See Whittaker

5 См. Olson, J.S., J.A.Watts and L.J. Allison

5 See Olson et al

6 См. Исаев А.С., Коровин Г.Н., Сухих В.И. и др.

6 See Isaev et al.

Устойчивое развитие и использование
биотоплива – путь к реализации Киотского протокола и
повышению комплексности использования древесины и торфа

stainable development and biofuel use as a way towards
he Kyoto protocol implementation and enhanced complex
utilization of wood raw material and peat

7 State of the World's Forests (1997) FAO of the United Nations

8 Россия. Лесная политика в переходный период. Региональные исследования Всемирного банка. - Вашингтон, июнь 1997

7 State of the World's Forests (1997) FAO of the United Nations

8 Russia: Forest Policy During Transition (1997) The International Bank for Reconstruction and Development/The World Bank, Washington, D.C.